Kreiselpumpen

Eine Einführung in Wesen, Bau und Berechnung
von Kreisel- oder Zentrifugalpumpen

Von

Dipl.-Ing. L. Quantz

Stettin

Dritte
umgeänderte und verbesserte Auflage

Mit 149 Textabbildungen

Springer-Verlag Berlin Heidelberg GmbH 1930

ISBN 978-3-662-27049-3   ISBN 978-3-662-28528-2 (eBook)
DOI 10.1007/978-3-662-28528-2

Vorwort zur ersten Auflage.

Der Kreiselpumpenbau hat in den letzten 15 Jahren eine ungeahnte Entwicklung genommen, um so mehr als heute die Hochdruck-Kreiselpumpe sowohl als Wasserhaltungsmaschine in Bergwerken, wie auch als Wasserwerks- und Kesselspeisepumpe Eingang gefunden hat und bei größeren Anlagen die Kolbenpumpe mehr und mehr verdrängt.

So dürfte wohl auch ein Bedürfnis vorliegen für ein kleineres Buch, in welchem das Wichtigste über das Wesen, die Berechnung und den Aufbau neuzeitlicher Kreiselpumpen zusammengefaßt wird und gleichzeitig Beispiele von derartigen Pumpenanlagen mit Angaben über die Wirtschaftlichkeit usw. gebracht werden.

Das Büchlein ist aus den Vorträgen des Verfassers an der Höheren Maschinenbauschule zu Stettin entstanden, wozu mir die bekanntesten Spezialfabriken in entgegenkommender Weise wertvolles Material zur Verfügung stellten, und soll eine gründliche Einführung in die obengenannten Gebiete auf elementarer Grundlage enthalten.

Es dürfte daher sowohl dem Studierenden als auch dem angehenden Konstrukteur und dem Leiter größerer Pumpwerke zur Einarbeitung und Übersicht von Nutzen sein.

Stettin, Januar 1922.

L. Quantz.

Vorwort zur dritten Auflage.

In den letzten Jahren haben sich im Kreiselpumpenbau mancherlei Umwandlungen vollzogen, so daß die vorliegende dritte Auflage einer gründlichen Umarbeitung bedurft hat.

Erstens sind es die Schrauben- und Propellerpumpen, die bei großen Wassermengen und kleinen Förderhöhen stark in Aufnahme gekommen sind und von verschiedenen Fabriken inzwischen gut durchgebildet wurden. Sie haben die früher verwendeten Niederdruckpumpen großer Abmessungen, besonders diejenigen mit Doppelrädern vollkommen verdrängt.

Zweitens hat sich bei Hochdruck-Pumpen eine weitere Vereinheitlichung herausgebildet, indem heute fast nur noch „Gliederpumpen" mit Entlastungsscheibe gebaut werden.

Drittens haben sich inzwischen die Erkenntnisse über die Wasserströmung gefestigt, wozu besonders einige neuere Forschungsarbeiten beigetragen haben. Es hat sich hierbei gezeigt, daß die früher übliche Annahme des hydraulischen Wirkungsgrades nicht einwandfrei war. Neben dem eigentlichen „hydraulischen Wirkungsgrad", der die inneren Widerstände in der Pumpe umfaßt und die Antriebsleistung beeinflußt, ist vielmehr noch ein anderer Faktor zu berücksichtigen, der eine Winkelverschiebung und eine Verringerung der Förderhöhe bedingt. Hierdurch wird aber die praktische Berechnung der Förderhöhe zum Teil auf eine neue Grundlage gestellt.

Indem ich diesen Neuerungen im weiten Maße Rechnung getragen und auch sonstige Verbesserungen angebracht habe, hoffe ich, daß die neue Auflage eine wohlwollende Aufnahme finden wird.

Stettin, Januar 1930.

L. Quantz.

Inhaltsverzeichnis.

I. Allgemeines über Kreiselpumpen.

1. Wirkungsweise. — Vorteile und Nachteile.

Im Gegensatz zur Kolbenpumpe, bei welcher die zum Heben des
Wassers nötige Arbeit durch einen hin und her gehenden Kolben aus-
geübt wird, tritt bei der Kreiselpumpe in der Regel folgende Wirkungsweise auf: In einem Pumpengehäuse, z. B. nach Abb. 1, dreht sich
ein Schaufelrad mit großer Umlaufszahl. Die im Rade befindliche
Flüssigkeit wird durch die Schaufeln erfaßt, in Drehung versetzt und
ihr hierbei eine Zentrifugalkraft erteilt. Diese Zentrifugalkraft bewirkt eine dauernde Bewegung der Flüssigkeit von innen nach außen,
d. h. letztere wird in das äußere Gehäuse und nach der Druckleitung
gepreßt, während weitere Flüssigkeit durch das Saugrohr angesaugt
wird, so daß sich alsbald eine konstante Förderung herausstellt. Die
zum Heben erforderliche Arbeit wird also der Flüssigkeit wenigstens
zum Teil durch die Zentrifugalkraft erteilt, welche bei der Raddrehung
dauernd auf dem Wege vom Laufradeintritt bis Austritt wirkt[1]. Eine
Saugwirkung entsteht, wie bei der Kolbenpumpe, natürlich nur dadurch, daß der auf dem Brunnenwasser lastende Atmosphärendruck
das Wasser durch die Saugleitung nachdrückt, sobald im Laufrad
Räume frei zu werden beginnen. Da die Atmosphäre einer Wassersäule von 10,33 m das Gleichgewicht hält, so würde dies theoretisch
die größtmögliche Saughöhe darstellen. Praktisch wird diese jedoch
verringert um die hydraulischen Widerstände bei der Strömung durch
die Saugleitung und beim Eintritt in das Laufrad, sowie um die so-
genannte Geschwindigkeitshöhe zur Erzeugung der Geschwindigkeit in
der Zuleitung. Während bei der Kolbenpumpe noch zu diesen Wider-
ständen die Beschleunigung der Saugwassersäule bei jedem Kolben-
hub und die Ventilwiderstände kommen, findet bei der Kreiselpumpe
eine gleichmäßige Strömung statt und Ventile sind überhaupt nicht
vorhanden. Die Saughöhe, welche praktisch durch Kreiselpumpen
zu erreichen ist, ist also größer als bei Kolbenpumpen und beträgt
bei kaltem Wasser und bei sorgfältiger Ausführung der Anlage bis zu:
$H_s = 8$ m. Erwähnt muß hier allerdings werden, daß die Kreiselpumpe
in ihrer normalen Bauart nur dann ansaugt, wenn das Laufrad und
die Saugleitung mit Wasser gefüllt sind. Ein sog. „trockenes Ansaugen",
d. h. Absaugen der Luft, bis die Wasserförderung beginnt, was bei
der Kolbenpumpe möglich ist, ist bei der Kreiselpumpe nicht durch-
führbar, da bei der geringen Masse der Luft und dadurch auch geringen

---

[1] Genaueres über die Wirkungsweise vgl. später im Abschnitt 4.

Zentrifugalkraft eine Luftförderung nicht eintreten kann. Ein „trockenes Ansaugen" ist nur durch besondere Ausführungsformen möglich, die später behandelt werden. (Vgl. Abschnitt 14.) Die Druckhöhe, welche durch eine Kreiselpumpe erreicht werden kann, ist sehr verschieden und hängt von der Schaufelform, dem Raddurchmesser und vor allem von der Umlaufszahl der Pumpe ab. Mit einem Rad kann man bis

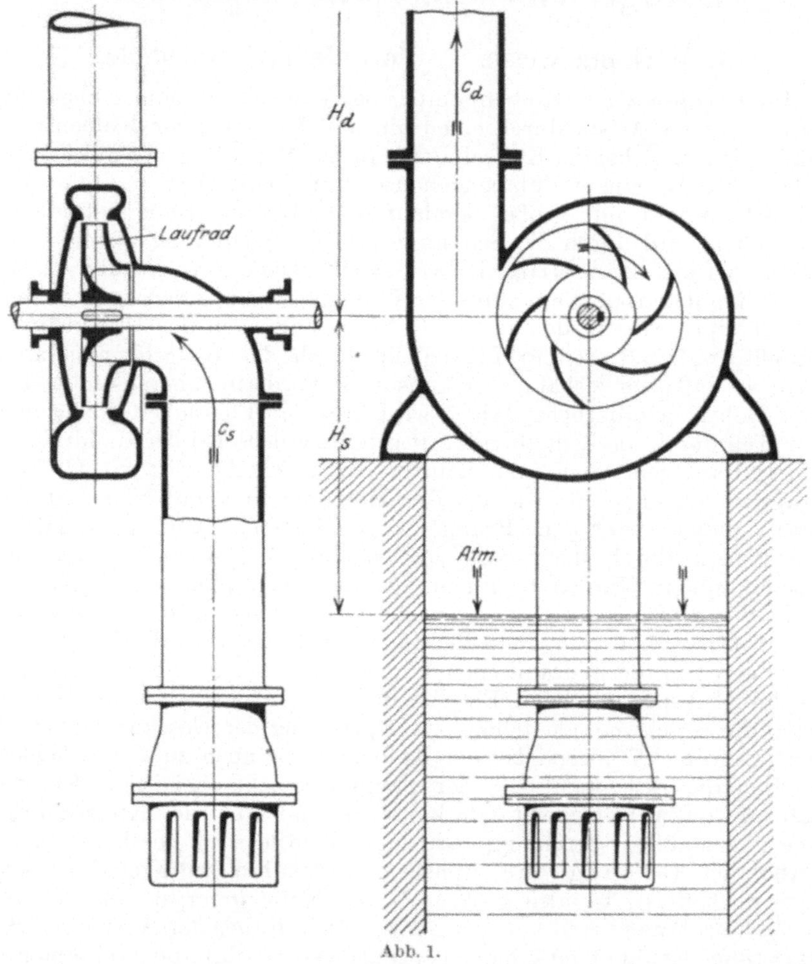

Abb. 1.

etwa $H_d = 100$ m erzielen. Praktisch ist es ferner möglich, durch Hintereinanderschaltung mehrerer Räder jede nur gewünschte Förderhöhe erreichen zu können, wie später bei Berechnung der Hochdruck-Kreiselpumpen gezeigt werden wird.

Was die Vorteile der Kreiselpumpen gegenüber den Kolbenpumpen anbelangt, so können diese wie folgt zusammengefaßt werden: 1. verschwindend geringer Raumbedarf, 2. geringere Anschaffungskosten, die bei größeren Abmessungen bis auf ein Drittel heruntergehen, 3. geringe Bedienungskosten, 4. keine Ventile, also empfindliche Teile vorhanden, 5. leichtes Fundament, 6. große Umlaufszahlen zum unmittelbaren Anschluß an Elektromotore oder Dampfturbinen, 7. einfache Regulierung der Wassermenge in weiten Grenzen, 8. Förderung auch von schlammigen, unreinen Flüssigkeiten ist möglich.

Diesen Vorteilen stehen als Nachteile gegenüber, daß der Wirkungsgrad um 10 bis 15% geringer ist als bei der Kolbenpumpe, daß das Ansaugen schlecht ist und daß die Kreiselpumpe nicht ohne weiteres gegen jede Druckhöhe anfährt, sondern daß dies von Umlaufszahl und Wassermenge abhängt, wie später gezeigt wird. Erwähnt muß hier ferner werden, daß eine Kreiselpumpe einer Kolbenpumpe auch heute unterlegen ist, wenn kleine Wassermengen (etwa 5 l/sek = 18 m³/h und weniger) auf größere Höhen zu fördern sind, also z. B. bei kleineren Kesselspeisepumpen. In diesen Fällen wird der Herstellungspreis vielfach teurer als der einer Kolbenpumpe und der Wirkungsgrad sinkt bei

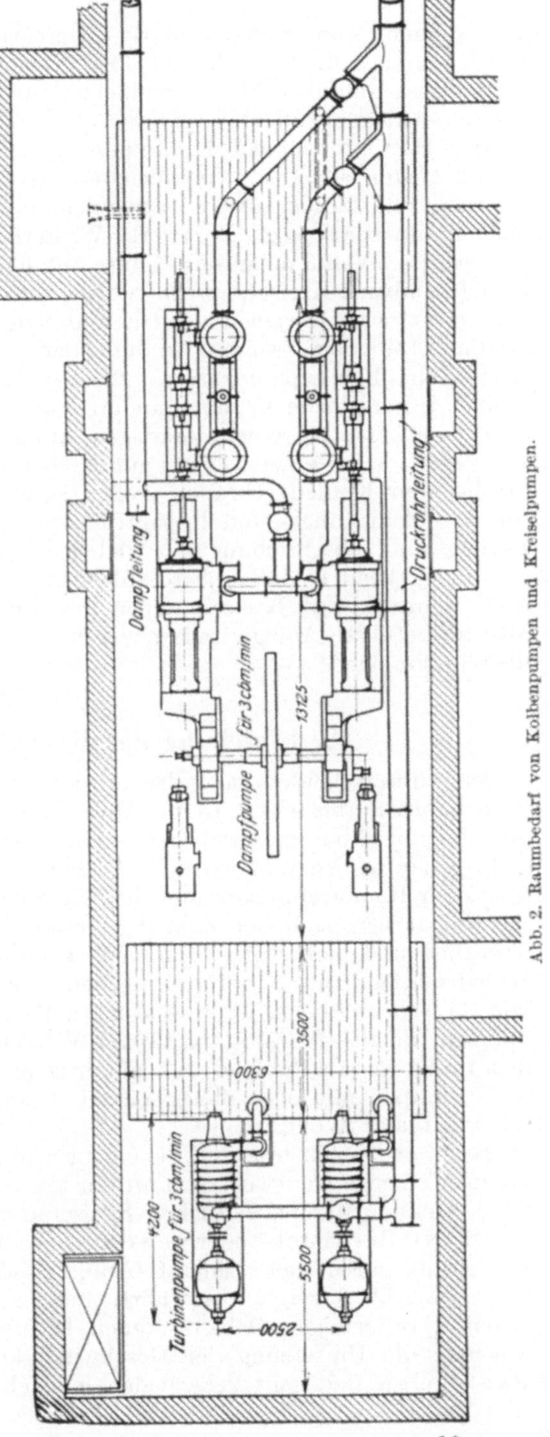

Abb. 2. Raumbedarf von Kolbenpumpen und Kreiselpumpen.

den kleinen Abmessungen stark. Immerhin werden auch Turbo-Speisepumpen für 12 m³/h und 15 at Druck verwendet, wobei dann der geringe Raumbedarf, der einfache Antrieb und die Betriebssicherheit ausschlaggebend sind.

Der Hauptvorteil der Kreiselpumpe gegenüber der Kolbenpumpe ist am besten aus der Gegenüberstellung zweier Anlagen für gleiche Leistung und Förderhöhe zu erkennen. So zeigt Abb. 2 eine Dampfkolbenpumpe als sog. Bergwerks-Wasserhaltungsmaschine für eine Fördermenge von 3 m³ in der Minute auf 400 m Höhe. Daneben stehen zwei Hochdruck-Kreiselpumpen, welche durch je einen raschlaufenden Elektromotor angetrieben werden und jede die gleiche Leistung wie die Dampfpumpe aufweisen. An Stelle der Dampfpumpenanlage können etwa sechs Kreiselpumpensätze gleicher Leistung treten, wobei die großen Unterschiede in den Fundamenten noch ganz außer acht gelassen sind. Ist bei einer derartigen Anlage auch der Wirkungsgrad schlechter als bei einer solchen mit Kolbenpumpen, also einerseits der Strom- oder Kohlenverbrauch größer, so sind doch anderseits die geringeren Bedienungs- und Reparaturkosten und die Beträge für Verzinsung und Abschreibung des viel geringeren Anlagekapitals meist ausschlaggebend, so daß größere Anlagen tatsächlich wirtschaftlicher sind, wenn sie mit Kreiselpumpen ausgerüstet werden. Die Berichte über ausgeführte Anlagen mit neueren Kreiselpumpen bestätigen dies übereinstimmend! —

2. Einteilung der Kreiselpumpen.

Man unterscheidet nach der erreichbaren Förderhöhe: Niederdruckpumpen (bis etwa 15 m), Mitteldruckpumpen (bis etwa 40 m) und Hochdruckpumpen, wobei sich allerdings die gegenseitigen Grenzen nicht genau festlegen lassen, weil die Förderhöhe ganz von den Schaufeln, dem Raddurchmesser und der Umlaufszahl abhängt. Man unterscheidet ferner nach der Zahl der hintereinandergeschalteten Räder: einstufige und mehrstufige Pumpen, wobei letztere natürlich nur als Hochdruckpumpen ausgeführt werden. Auch eine Parallelschaltung von Rädern ist üblich, wenn es sich bei Niederdruck- oder Mitteldruckpumpen um die Bewältigung großer Wassermengen handelt. Schließlich findet man: Pumpen mit einseitigem und doppelseitigem Einlauf, Pumpen mit oder ohne Leitrad, Pumpen mit horizontaler und mit vertikaler Welle.

Bevor in die Theorie und die eigentliche Konstruktion der Kreiselpumpen eingegangen wird, soll an einigen schematischen Abbildungen die Einteilung der neuzeitlichen Kreiselpumpen gezeigt werden.

Die Niederdruck- oder gewöhnliche Kreiselpumpe wird entweder mit einseitigem Einlauf (Abb. 1), oder mit zweiseitigem Einlauf, wie Abb. 3 zeigt, ausgeführt. Das Laufrad ist unmittelbar von einem spiralförmigen Gehäuse (auch Diffusor genannt) umgeben, in welchem die Umsetzung der Geschwindigkeit in Druck erfolgt. Die Radformen sind sehr verschieden je nach der Fördermenge Q, der

Förderhöhe H und der Umlaufszahl n. Als normal kann die Radform Abb. 4 bezeichnet werden, bei welcher der Austrittsdurchmesser D_2 ungefähr doppelt so groß ist als der Eintrittsdurchmesser D_0. Ein bedeutend größeres Q erhält man bei der Radform Abb. 5. während H denselben Wert behält bei gleichem n und gleichen Schaufelwinkeln wie vorher. Das Rad Abb. 6 wird schließlich verwendet, wenn größte

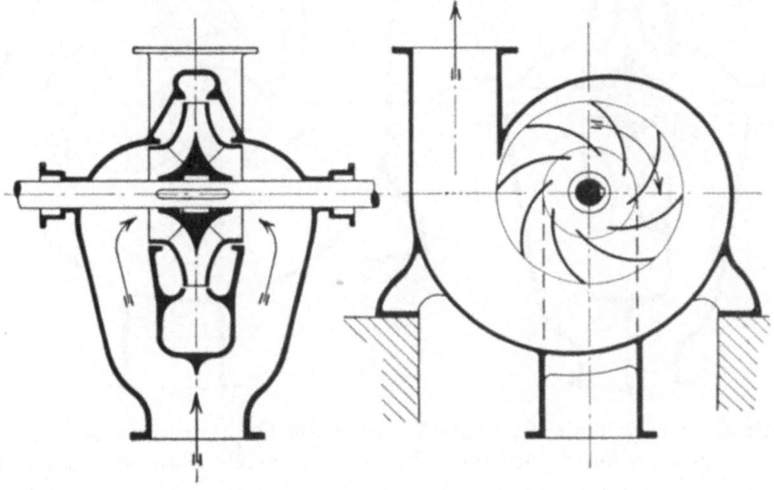

Abb. 3.

Wassermengen auf kleine Förderhöhen bei verhältnismäßig großen Umlaufszahlen zu heben sind. (Vgl. Schraubenpumpen, Abschn. 10.) Hier sitzen die wenigen Schaufeln frei auf der Nabe, denn das Laufrad hat überhaupt keinen Außenkranz mehr.

Beträgt z. B. der äußere Raddurchmesser $D_2 = 300$ mm und die Umlaufszahl $n = 750/\text{min}$, so erreicht man bei allen 3 Rädern und

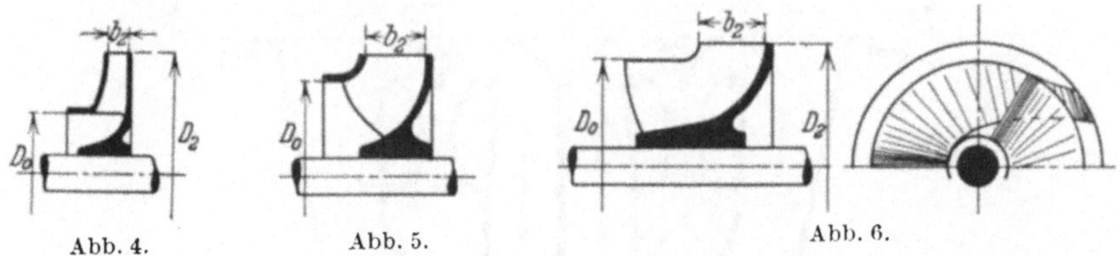

Abb. 4.   Abb. 5.   Abb. 6.

bestimmten Schaufelwinkeln $H \sim 6$ m. Die geförderten Wassermengen betragen aber $Q = 2,4 \text{ m}^3/\text{min}$ (bei Abb. 4), bzw. $5,5 \text{ m}^3/\text{min}$ (bei Abb. 5), bzw. $8,2 \text{ m}^3/\text{min}$ (bei Abb. 6). Alle Räder können schließlich als Doppelräder nach Abb. 3 ausgeführt werden, wodurch sich die Wassermenge ebenfalls verdoppeln läßt.

Die Mitteldruck-Kreiselpumpe wird des besseren Wirkungsgrades wegen in der Regel als Leitradpumpe (auch Turbinenpumpe genannt) ausgeführt, wie Abb. 7 zeigt. Auch hier wird einseitiger oder doppelseitiger Einlauf gewählt. Da es sich um eine einstufige Pumpe handelt, ist das umgebende Gehäuse wie bei der Niederdruckpumpe spiralförmig. Pumpen für große Wassermengen erhalten ein breites

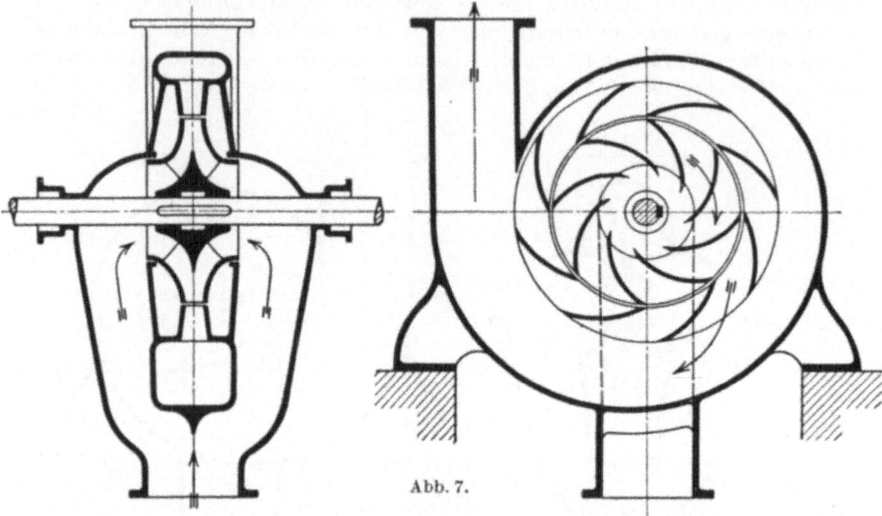

Abb. 7.

Laufrad mit großem D_0 (Abb. 5), aber als Doppelrad ausgeführt mit zweiseitigem Einlauf. Mitunter führt man große Pumpen mit hoher

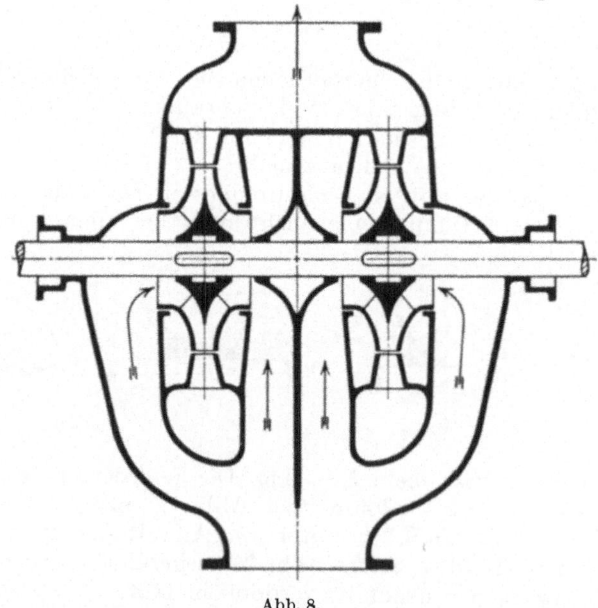

Abb. 8.

Drehzahl, wie man sie bei Wasserwerken beispielsweise findet, auch nach Abb. 8 mit Parallelschaltung aus. Im allgemeinen läßt sich aber heute diese teure Anordnung vermeiden.

Die Hochdruck-Kreiselpumpe ist fast stets mehrstufig. Je nach der gewünschten Förderhöhe werden einzelne Laufräder mit einseitigem Einlauf hintereinandergeschaltet, bis zu zehn in einer Pumpe. Wie Abb. 9 erkennen läßt, welche eine vierstufige Pumpe schematisch wiedergibt, sind alle Lauftäder mit Leiträdern umgeben, ein Umführungskanal bringt das Wasser jeweils zum nächsten Laufrad und schließlich wird das Wasser in einem wulstförmigen Gehäuse gesammelt, an welchem sich der Druckstutzen befindet.

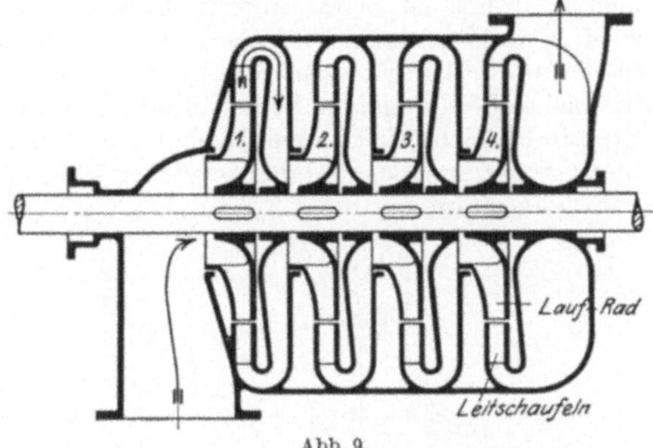

Abb. 9.

Alle diese Pumpen werden, soweit irgendwie angängig, mit liegender Welle ausgeführt. Nur in besonderen Fällen findet man auch stehende Wellen, z. B. bei Niederdruckpumpen zur Entwässerung sowie Hochdruckpumpen als Tiefbrunnenpumpen oder als Abteufpumpen in Bergwerken, wie später gezeigt wird.

II. Berechnung von Kreiselpumpen und die Schaufelkonstruktion.

3. Wasserbewegung in Kreiselpumpen.

Die Kreiselpumpe ist die Umkehrung einer Wasserturbine, und zwar hat das Laufrad in der Regel die Gestalt eines sog. „Francis-Langsamläufers". Bei Betrachtung der Wasserbewegung hat man also, wie bei der Turbine, zwischen absoluten Geschwindigkeiten (die der äußere Beobachter bei einem durchsichtigen Gehäuse erkennen würde) und Relativgeschwindigkeiten (die nur ein mit dem Laufrad fahrender Beobachter sehen würde) zu unterscheiden. Setzt man den regelrechten Betrieb voraus, so strömt das Wasser mit der absoluten Geschwindigkeit c_0 aus dem Saugrohr axial in das Laufrad ein, welches hier den Durchmesser D_0 besitzt, wie Abb. 10 zeigt[1]. Bei

---

[1] Nach den gültigen Vereinbarungen vom April 1926 bedeutet:

$u =$ Umfangsgeschwindigkeit, $w =$ Relativgeschwindigkeit, $c =$ absolute Geschwindigkeit.

Das Beizeichen 0: eine Stelle vor dem Laufradeintritt

     1: „ „ am Laufradeintritt
     2: „ „ „ Laufradaustritt
     3: „ „ hinter dem Laufradaustritt.

Die Winkel zwischen c und u heißen α, die Winkel von w mit der negativen u-Richtung heißen β.

$c \cdot \cos \alpha = c_u =$ „Umfangskomponente", $c \cdot \sin \alpha = c_m =$ „Meridiankomponente" von c.

der Einströmung findet zunächst eine Ablenkung des Wasserstromes aus der axialen in die radiale Richtung statt und die absolute Eintrittsgeschwindigkeit in den mit Schaufeln besetzten Laufradteil beträgt c_1. Da sich nun das Laufrad hier mit der Umfangsgeschwindigkeit u_1 dreht, ist beim Eintritt die absolute Geschwindigkeit c_1 in zwei Komponenten zu zerlegen, deren eine u_1 ist und deren andere die relative Eintrittsgeschwindigkeit w_1 sein muß, mit der das Wasser in das sich bewegende Schaufelrad einströmt. Soll der Strom ohne Stoß in die Schaufelkammern gelangen, so muß natürlich das Schaufelblech unter dem $\sphericalangle\,\beta_1$ stehen, welcher sich aus dem Geschwindigkeitsparallelogramm ergibt.

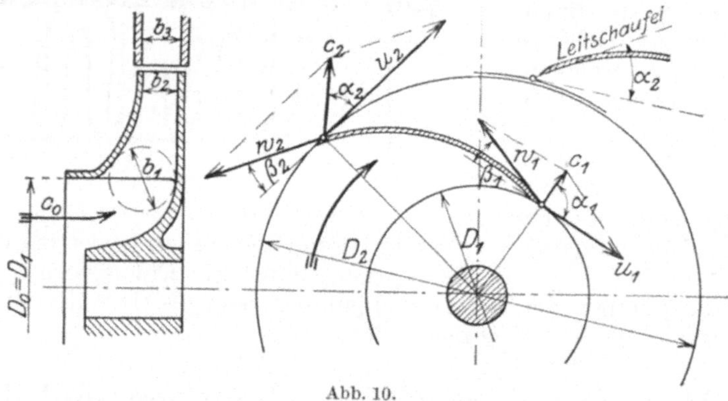

Abb. 10.

In dem Schaufelrade findet nun entsprechend den Querschnittsänderungen und entsprechend der Schaufelkrümmung eine Änderung der Relativgeschwindigkeit statt von w_1 auf w_2. Am Laufradaustritt ergibt sich somit eine relative Austrittsgeschwindigkeit w_2, die unter dem $\sphericalangle\,\beta_2$ gerichtet ist, während das Wasser außerdem die Umfangsgeschwindigkeit u_2 des Laufrades besitzt. Aus diesen beiden erhält man durch Zusammensetzen zum Geschwindigkeitsparallelogramm die absolute Geschwindigkeit c_2, mit welcher das Wasser in das Gehäuse tatsächlich austritt. Besitzt die Pumpe ein Leitrad, so müssen die Leitschaufeln ungefähr unter dem $\sphericalangle\,\alpha_2$ der absoluten Geschwindigkeit geneigt sein. (Genaueres vgl. bei Leitschaufeln, Abschn. 6.)

4. Hauptgleichung der Kreiselpumpe.

Einleitend sei zur Wiederholung folgendes bemerkt: Wenn das Wasser durch ein Gefäß von beliebiger Gestalt, z. B. nach Abb. 11, fließt, so ergeben sich an bestimmten Durchflußpunkten die Gleichungen:

$$h = \frac{w_1^2}{2\,g} + h_1, \quad h = \frac{w_2^2}{2\,g} + h_2 \text{ usw. Man nennt dabei } \frac{w_1^2}{2\,g}, \ \frac{w_2^2}{2\,g} \text{ usw.}$$

„Geschwindigkeitshöhen", h_1, h_2 usw. dagegen „hydraulische Höhen", und man hat den Satz, daß an jeder Stelle des Durchflusses die statische Höhe (h) gleich der Summe aus Geschwindigkeits- und hydraulischer Höhe ist[1]. Da nun auch h, h_1, $\dfrac{w_1^2}{2g}$ usw. das Arbeitsvermögen oder die Energie eines Kilogramm oder Liter Wassers bedeutet, so kann der oben genannte Satz auch geschrieben werden: An jeder Stelle des Durchflusses setzt sich das Arbeitsvermögen des Wassers aus dem Arbeitsvermögen der Bewegung $\dfrac{w_1^2}{2g}$ usw. und dem noch vorhandenen Arbeitsvermögen der Ruhe h_1, h_2 usw. zusammen, wobei aber h_1, h_2 usw. auch einen negativen Wert haben kann. Diese Grundbegriffe sind für die folgenden Ableitungen wichtig!

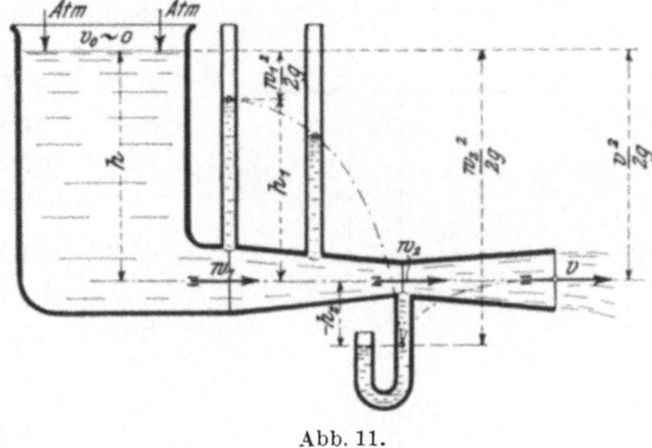

Die Hauptgleichung läßt sich nun aus folgenden Überlegungen heraus entwickeln:

Wie unter 1. bereits gesagt war, wird die Arbeitsleistung zum Heben des Wassers durch die Zentrifugalkraft eingeleitet, die dem Wasser durch das Schaufelrad zugeführt wird.

Die Zentrifugalkraft ist bekanntlich

$$C = m \cdot \omega^2 \cdot r,$$

wenn ω die Winkelgeschwindigkeit bedeutet. Bezogen auf die Gewichtseinheit, also $1\ \mathrm{l} = 1\ \mathrm{kg}$ Wasser, ist nun $m = \dfrac{1}{g}$, während der mittlere Radius, welcher für die Zentrifugalkraft in Frage kommt,

$$r = \frac{R_2 + R_1}{2}$$

beträgt, wenn in Abb. 10 $\dfrac{D_1}{2} = R_1$ und $\dfrac{D_2}{2} = R_2$ gesetzt wird. Man erhält demnach:

$$C = \frac{R_2 + R_1}{2} \cdot \frac{\omega^2}{g}.$$

Da sich nun das Wasser unter Einfluß der Zentrifugalkraft in dem Rade um die Strecke $R_2 - R_1$ fortbewegt, so wird dem Kilogramm Wasser eine Arbeit übermittelt:

$$A = C \cdot (R_2 - R_1) = \frac{(R_2^2 - R_1^2) \cdot \omega^2}{2g} = \frac{(R_2 \cdot \omega)^2 - (R_1 \cdot \omega)^2}{2g}$$

oder

$$A_1 = \frac{u_2^2 - u_1^2}{2g}\,* .$$

---

[1] Genaueres über diese Beziehungen vgl. z. B. des Verfassers „Wasserkraftmaschinen" im gleichen Verlag, woraus Abb. 11 entnommen ist.

* Bei Anwendung der höheren Mathematik erhält man:

$$A_1 = \int\limits_{r=R_1}^{r=R_2} m \cdot r \cdot \omega^2 \cdot dr = \tfrac{1}{2} m \cdot \omega^2 \cdot (R_2^2 - R_1^2)$$

und bei $m = \dfrac{1}{g}$: $\quad A_1 = \dfrac{u_2^2}{2g} - \dfrac{u_1^2}{2g}$ wie oben.

A_1 wird nun dazu benutzt, das Arbeitsvermögen der Ruhe am Laufradeintritt h_1, welches einen negativen Wert hat, auf einen positiven Wert h_2 am Laufradaustritt zu steigern. In Abb. 12 sind diese Werte als hydraulische Höhen in Manometern meßbar eingetragen. Da im Laufrade eine Änderung der Relativgeschwindigkeit von w_1 auf w_2, und zwar in der Regel eine Verzögerung stattfindet, so wird hierdurch ein geringes Arbeitsvermögen der Bewegung frei werden von $\dfrac{w_1^2 - w_2^2}{2g}$, welches zur Steigerung von h_2 beiträgt. Man erhält somit:

$$(1) \qquad \frac{u_2^2 - u_1^2}{2g} + \frac{w_1^2 - w_2^2}{2g} = h_2 - h_1 .$$

Wie aus Abb. 12 entnommen werden kann, ist nun, verlustlos betrachtet: $h_1 = -\left(H_s + \dfrac{c_0^2}{2g}\right)$, weil das Wasser nicht allein um die Saughöhe H_s angesaugt werden muß, sondern ihm auch noch eine kinetische Energie $\dfrac{c_0^2}{2g}$ zu erteilen ist, so daß ein Vakuummeter am Laufradeintritt tatsächlich einen Unterdruck h_1, also negativ, in genannter Größe anzeigen würde.

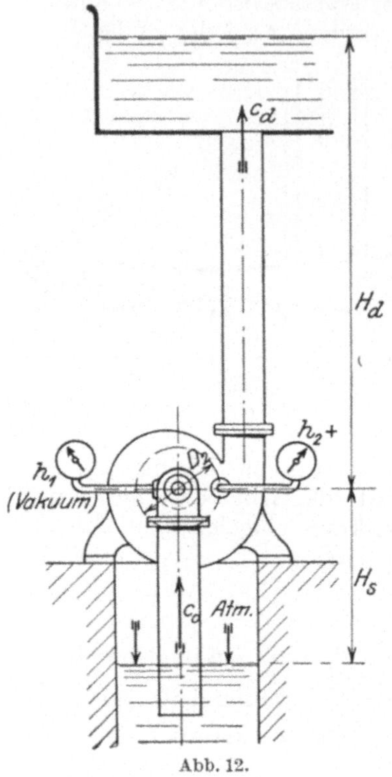

Abb. 12.

Am Laufradaustritt muß dagegen theoretisch sein:

$$h_2 + \frac{c_2^2}{2g} = H_d ,$$

weil das austretende Wasser mit seinem Arbeitsvermögen der Ruhe h_2 und dem der Bewegung $\dfrac{c_2^2}{2g}$ theoretisch gerade imstande sein muß, die Druckhöhe H_d zu überwinden, wobei dann $c_d = 0$ wäre. Setzt man die beiden Werte für h_1 und h_2 in Gl. (1) ein, so erhält man, da $c_0 \sim c_1$ ist:

$$(2) \qquad H = H_d + H_s = \frac{u_2^2 - u_1^2}{2g} + \frac{c_2^2 - c_1^2}{2g} + \frac{w_1^2 - w_2^2}{2g} .$$

Hierin bedeutet H das gesamte Arbeitsvermögen, welches dem kg Wasser zur Förderung um H zugeführt werden muß und man ersieht nun, daß dies Arbeitsvermögen nicht allein von der Arbeit der Zentrifugalkraft $A_1 = \dfrac{u_2^2 - u_1^2}{2g}$ herrührt, sondern daß daneben $\left(\text{außer dem geringen Arbeitsvermögen } \dfrac{w_1^2 - w_2^2}{2g}\right)$ noch die Größe

$\dfrac{c_2^2 - c_1^2}{2\,g}$ erscheint. Letzteres ist aber die Zunahme der Bewegungsenergie, die sich aus der Änderung der absoluten Geschwindigkeit c_1 am Eintritt, auf c_2 am Austritt aus dem Laufrade ergibt. Die Geschwindigkeit $c_1 \sim c_0$ entstand durch die Saugwirkung des Unterdruckes h_1. Die Geschwindigkeit c_2 rührt her von der Umdrehung des Rades, denn sie ergibt sich durch Zusammensetzen von u_2 und w_2. Durch die Raddrehung allein nimmt das Wasser also ebenfalls Arbeitsvermögen auf, welches gemeinsam mit der Arbeit der Zentrifugalkraft A_1 das gesamte Arbeitsvermögen H ergibt.

So erklärt sich aber, daß auch eine Kreiselpumpe mit rein axialem Durchfluß, wobei also $u_2 = u_1$, ausführbar ist. Allerdings ist anzunehmen, daß auch bei Axialpumpen eine durch Zentrifugalkraft verursachte Sekundärströmung auftreten wird, wenigstens so lange, bis ein regelrechter Betrieb in Gang gekommen ist.

Die Gl. (2) ist nun als Arbeitsgleichung noch nicht zu benutzen, da sie lauter unbekannte Werte enthält. Unter Berücksichtigung der

Abb. 13.Abb. 14.

Eintritts- und Austrittsparallelogramme Abb. 13 und 14 ergibt sich aber nach dem „Kosinussatz":

$$w_2^2 = c_2^2 + u_2^2 - 2\,c_2\,u_2 \cdot \cos \alpha_2$$

und

$$w_1^2 = c_1^2 + u_1^2 - 2\,c_1 \cdot u_1 \cdot \cos \alpha_1 .$$

Setzt man beides in Gl. (2) ein, so erhält man die Form:

$$(3) \qquad H = \frac{c_2\,u_2 \cdot \cos \alpha_2 - c_1\,u_1 \cdot \cos \alpha_1}{g} .$$

In der Regel wird bei Kreiselpumpen $\sphericalangle\,\alpha_1 = 90^0$, d. h. also $\cos \alpha_1 = 0$, so daß das zweite Glied herausfällt. Ferner ist es üblich zu schreiben $c_2 \cdot \cos \alpha_2 = c_{u_2}$ (Umfangskomponente von c_2), also erhält man:

$$(4) \qquad \boldsymbol{H = \frac{u_2 \cdot c_{u_2}}{g}} .$$

Diese Gleichung nennt man die theoretische Hauptgleichung. Sie stellt dar, welche Förderhöhe theoretisch, d. h. vollkommen verlustlos zu erreichen wäre. Sie gilt nur unter der Annahme einer sog. idealen Flüssigkeit, deren sämtliche Teilchen gleichmäßig abgelenkt werden, was nur bei unendlich großer Schaufelzahl zutreffen würde. Praktisch hat man aber mit nur wenig Schaufeln und mit einer reibungsbehafteten Flüssigkeit zu rechnen, so daß die erreichbare Förderhöhe hierdurch um 15 bis 50% geringer wird. Diesem Umstand kann man Rechnung tragen durch Einführung einer Berichtigungsziffer k, welche abhängt von Schaufelform und Zahl, von der Radform und davon, ob die Pumpe ein Leitrad hat oder nicht (vgl. Tabellen auf S. 13). Man muß also statt Gl. (4) schreiben:

$$(5) \qquad H' = \frac{k \cdot u_2 \cdot c_{u2}}{g}.$$

Ferner sind die inneren Widerstände in der Pumpe, nämlich Reibung in den Schaufelkanälen, Verluste bei Querschnitts- und Geschwindigkeitsänderungen zu berücksichtigen, die eine weitere Verringerung der theoretischen Höhe ergeben. Diesem Umstand trägt man Rechnung durch Einführung des sog. hydraulischen Wirkungsgrades η_h, so daß man erhält:

$$(6) \qquad H'' = \eta_h \frac{k \cdot u_2 \cdot c_{u2}}{g}$$

als tatsächlich erreichbare Höhe.

Dieses H'' muß also der praktisch geforderten Höhe entsprechen, wenn die Pumpe betriebsfähig sein soll. Man verlangt, daß sie nicht allein die geodätische Höhe $H = H_d + H_s$ (Abb. 12), sondern die sog. manometrische Höhe $H_{(man)} = H + H_w$ überwindet, d. h. die Höhe, welche neben H alle äußeren Widerstände H_w (Rohrreibung usw., vgl. S. 13) umfaßt. Es muß also praktisch $H'' = H_{(man)}$ werden, d. h. die Werte von u_2 und c_{u2} sind derart zu bemessen, daß schließlich die brauchbare Berechnungsgleichung erfüllt werden kann:

$$(7) \qquad H_{(man)} = \eta_h \cdot \frac{k \cdot u_2 \cdot c_{u2}}{g}.$$

η_h und k wurden seither zusammengefaßt zu η_h, was aber genau genommen nicht richtig erscheint. Die Ziffer k hat nicht den Charakter eines Wirkungsgrades, denn sie berücksichtigt nur die Strömungsveränderung infolge der endlichen Schaufelzahl. (Vgl. hierzu bei Leitschaufeln, S. 21.) η_h dagegen umfaßt die hydraulischen Widerstände und beeinflußt die Antriebsleistung der Pumpe. Man kann setzen:

$$\eta_h = 0,7 \ \text{ bis } \ 0,9$$

je nach Ausführung der Pumpe. Leitradpumpen haben im allgemeinen einen besseren hydraulischen Wirkungsgrad. Jedoch wird auch bei sog. Schraubenpumpen $\eta_h = 0,9$ und sogar mehr erreicht. In η_h werden gleichzeitig die geringen Verluste an Wasser im Spalt zwischen Lauf- und Leitrad berücksichtigt.

Über die Berichtigungsziffer k liegen zur Zeit noch wenig Versuchsresultate vor, und man ist zunächst auf Annahmen und Erfahrungswerte angewiesen. Nach den bisherigen maßgebenden Veröffentlichungen[1]

---

[1] Vgl. Pfleiderer: Z. V. d. I. 1929, S. 126 u. f., sowie Schulz: desgl., S. 454 u. f. — Das Verhältnis $H : H'$ wird dort als „Förderhöhenverhältnis" bezeichnet und hierfür die Beziehung aufgestellt:

$$H = H' \cdot \left(1 + K \cdot \sin \beta_2 \frac{2 \cdot D_2^2}{(D_2^2 - D_1^2) \cdot Z} \right),$$

worin $K = 1,6$ bis 3 je nach Pumpenart zu setzen ist. Aus dieser Beziehung sind die Tabellenwerte für k berechnet.

von **Pfleiderer** und **Schulz** können vorläufig die Werte der beiden Tabellen gelten, die zu brauchbaren Berechnungen führen.

<table>
<tr><td colspan="4" align="center">Leitradpumpen</td><td colspan="4" align="center">Gewöhnliche Kreiselpumpen</td></tr>
<tr><td>$D_2:D_1$</td><td>$\beta_2 = 40^0$</td><td>30^0</td><td>20^0</td><td>$D_2:D_1$</td><td>$\beta_2 = 30^0$</td><td>20^0</td><td>15^0</td></tr>
<tr><td>1,5</td><td>$k \sim 0{,}68$</td><td>$\sim 0{,}73$</td><td>$\sim 0{,}8$</td><td>1,25</td><td>$k \sim 0{,}55$</td><td>$\sim 0{,}63$</td><td>$\sim 0{,}69$</td></tr>
<tr><td>2</td><td>$\sim 0{,}75$</td><td>$\sim 0{,}78$</td><td>$\sim 0{,}84$</td><td>1,5</td><td>$\sim 0{,}63$</td><td>$\sim 0{,}71$</td><td>$\sim 0{,}77$</td></tr>
<tr><td>2,5</td><td>$\sim 0{,}77$</td><td>$\sim 0{,}8$</td><td>$\sim 0{,}86$</td><td>2</td><td>$\sim 0{,}70$</td><td>$\sim 0{,}77$</td><td>$\sim 0{,}82$</td></tr>
</table>

Die Tabellenwerte gelten für Laufräder mit 8 Schaufeln. Bei geringerer Schaufelzahl nehmen die Werte bis um 10% ab, bei größeren dagegen zu.

Der Gesamtwirkungsgrad η einer Pumpe ergibt sich aus dem Produkt von η_h mit dem mechanischen Wirkungsgrad η_m, welcher die Stopfbuchsen- und Lagerreibung berücksichtigt und etwa $\eta_m = 0{,}85$ bis $0{,}95$ ist. Man bezieht ihn auf die manometrische Förderhöhe und er beträgt bei neuzeitlichen Hochdruckpumpen z. B.:

$$\eta = \eta_h \cdot \eta_m = \frac{\gamma \cdot Q \cdot H_{(\mathrm{man})}}{75 \cdot N} = 0{,}74 \text{ bis } 0{,}78,$$

falls $N = $ Antriebsleistung.

Die manometrische Förderhöhe $H_{(\mathrm{man})} = H + H_w$ läßt sich bei gegebener geometrischer Höhe H sowie bei bekannter Rohrlänge und Rohrweite nach den in jedem Taschenbuch zu findenden Widerstandsziffern berechnen oder auch nach den Werten der umstehenden Tafel[1] bestimmen.

In der Tafel sind die Widerstandshöhen h_w für Rohre von 50 bis 300 mm l. W., bezogen auf 100 m Rohrlänge, eingetragen. Sie werden nach der Gleichung berechnet:

$$h_w = \lambda \cdot \frac{l}{d} \cdot \frac{c^2}{2g},$$

d. h. sie wachsen mit der Rohrlänge l und mit dem Quadrat der Geschwindigkeit c, nehmen dagegen ab mit dem Rohrdurchmesser d. Ferner sind enthalten die Widerstandsziffern k von normalen Rohrkrümmern mit 90^0 und 135^0 innerem Winkel, von normalen Absperrschiebern, Saugklappen und Rückschlagventilen.

Die manometrische Förderhöhe ergibt sich alsdann aus:

$$H_{\mathrm{man}} = H + h_w \frac{l}{100} + \frac{c^2}{2g} \cdot \sum k + \frac{c^2}{2g}$$

je nach Bauart der Leitung.

Beispiel: Bei einem Wasserwerk beträgt die Fördermenge etwa $Q = 2000$ l/min, und die geodätische Förderhöhe ist $H = 68$ m. Die Rohrleitung hat $d = 150$ $\varnothing$ licht, $l = 120$ m Länge, 6 Normalkrümmer von 90^0, 1 Absperrschieber, 1 Saugkorb und 1 Rückschlagventil. Nach der Tafel ist etwa $c = 2$ m/sek, und es wird:

$$H_{\mathrm{man}} = 68 + 2{,}87 \cdot \frac{120}{100} + \frac{2^2}{2g} \cdot (6 \cdot 0{,}156 + 0{,}09 + 6 + 6{,}5) + \frac{2^2}{2g}$$

$$= 68 + 3{,}45 + 0{,}2 \cdot 14{,}5 = \mathbf{74{,}35\ m.}$$

---

[1] Nach A. Borsig, Berlin-Tegel.

Tafel für die Widerstände h_w in Rohren und Absperrorganen.

c m/sek	Q l/min h_w m	Innerer Rohrdurchmesser in mm													
		50	60	70	80	90	100	125	150	175	200	225	250	275	300
0,50	Q	58,9	84,8	115,5	150,8	190,9	235,6	368,1	530,1	721,6	942,5	1193	1473	1782	2121
	h_w	0,708	0,590	0,506	0,443	0,394	0,354	0,283	0,236	0,203	0,177	0,157	0,142	0,129	0,118
0,60	Q	70,7	101,8	138,6	181	229	282,7	441,8	636,2	865,9	1131	1431	1767	2138	2545
	h_w	0,977	0,814	0,698	0,611	0,542	0,489	0,391	0,326	0,279	0,244	0,217	0,195	0,178	0,163
0,70	Q	82,5	118,7	161,6	211,1	267,2	329,9	515,4	742,2	1010	1320	1670	2062	2495	2969
	h_w	1,285	1,071	0,918	0,803	0,713	0,643	0,514	0,428	0,367	0,321	0,279	0,257	0,233	0,214
0,80	Q	94,2	135,7	184,7	241,3	305,4	377	589	844,2	1155	1508	1909	2356	2851	3393
	h_w	1,630	1,359	1,165	1,019	0,906	0,815	0,652	0,543	0,466	0,408	0,363	0,326	0,297	0,272
0,90	Q	106	152,7	207,8	271,4	343,5	424,1	662,7	954,3	1299	1697	2147	2651	3207	3817
	h_w	2,013	1,678	1,438	1,258	1,119	1,007	0,805	0,671	0,576	0,503	0,448	0,403	0,366	0,335
1,00	Q	117,8	169,7	230,9	301,6	381,7	471,2	736,3	1060	1443	1885	2386	2945	3564	4241
	h_w	2,433	2,028	1,738	1,521	1,354	1,217	0,973	0,811	0,696	0,608	0,542	0,487	0,443	0,406
1,25	Q	147,3	212,1	288,6	377	477,2	589,1	920,4	1325	1804	2356	2982	3682	4456	5302
	h_w	3,643	3,036	2,602	2,277	2,027	1,821	1,457	1,214	1,042	0,911	0,811	0,729	0,663	0,607
1,50	Q	176,7	254,5	346,3	452,4	572,6	706,9	1105	1590	2165	2827	3579	4418	5346	6362
	h_w	5,076	4,230	3,625	3,172	2,816	2,538	2,030	1,692	1,448	1,269	1,127	1,015	0,922	0,846
1,75	Q	206,2	296,9	404,1	527,8	668	824,7	1289	1856	2526	3299	4175	5154	6237	7422
	h_w	6,731	5,609	4,808	4,207	3,747	3,365	2,692	2,244	1,927	1,683	1,499	1,346	1,226	1,122
2,00	Q	235,6	339,3	461.8	603,2	763,4	942,5	1473	2121	2886	3770	4771	5891	7128	8482
	h_w	8,599	7,166	6,143	5,375	4,780	4,300	3,440	2,867	2,458	2,150	1,912	1,720	1,505	1,433
2,5	Q	294,5	424,1	577,3	754	954,3	1178	1841	2651	3608	4712	5964	7363	9809	10603
	h_w	12,990	10,830	9,279	8,119	7,221	6,495	5,116	4,330	3,714	3,248	2,889	2,598	2,363	2,165
3,0	Q	353,4	508,9	692,7	904,8	1145	1414	2209	3181	4330	5655	7157	8836	10691	12723
	h_w	18,180	15,150	12,980	11,360	10,140	9,089	7,271	6,059	5,217	4,545	4,058	3,636	3,319	3,030

Koeffizienten k für den Druckhöhenverbrauch h_w in normalen Rohrkrümmern und Absperrorganen.

		50	60	70	80	90	100	125	150	175	200	225	250	275	300
Normale Rohr- 135°	k_1	0,068	0,069	0,070	0,071	0,073	0,074	0,076	0,078	0,081	0,084	0,087	0,091	0,094	0,097
krümmer 90°	k_2	0,136	0,138	0,140	0,142	0,145	0,148	0,152	0,156	0,162	0,168	0,174	0,182	0,188	0,194
Rohrschieber offen	k_3	0,10	0,10	0,10	0,10	0,10	0,09	0,09	0,09	0,09	0,08	0,08	0,08	0,08	0,07
Saugklappe	k_4	10,0	9,0	8,5	8,0	7,5	7,0	6,5	6,0	5,6	5,2	4,8	4,4	4,0	3,7
Rückschlagventil	k_5	18,0	15,0	12,0	10,0	9,0	8,0	7,0	6,5	6,0	5,5	5,0	4,5	4,0	3,5

Zu beachten ist allerdings, daß bei langen und starken Rohrleitungen die üblichen Werte der Widerstandsziffern λ und k nicht ganz zuverlässig sind, worauf z. B. bei dem Beispiel des Wasserwerkes Niederstotzingen, S. 93, hingewiesen ist.

5. Laufradschaufeln.

A. Einfluß des Winkels β_2 auf die Förderhöhe.

Da die Wahl des Winkels β_2 und somit also auch die Schaufelform einen wesentlichen Einfluß auf die Durchflußgeschwindigkeit w_2, auf die hydraulische Höhe h_2 und auf die zu erzielende Förderhöhe H hat, soll dies eingehend untersucht werden. Man macht dies, indem man für ein und dasselbe Rad unter Beibehaltung einer bestimmten Wassermenge und Umlaufszahl verschiedene $\sphericalangle \beta_2$ annimmt und die jeweilige Höhe H feststellt. Es soll hierbei zur besseren Übersicht angenommen werden, daß die Radialkomponente der absoluten Austrittsgeschwindigkeit gleich der absoluten Eintrittsgeschwindigkeit, also $c_{2\,rad} = c_1$ ist, was durch Wahl einer geeigneten Radbreite leicht möglich ist.

Nimmt man zunächst eine stark rückwärts gekrümmte Schaufel an, Abb. 15 bei A, so kann man mit dem $\sphericalangle \beta_2$ so weit heruntergehen, daß c_2 radial gerichtet ist. Es wird alsdann $\sphericalangle \alpha = 90^0$, also $\cos \alpha_2 = 0$, und in der Hauptgleichung ergibt sich somit theoretisch:

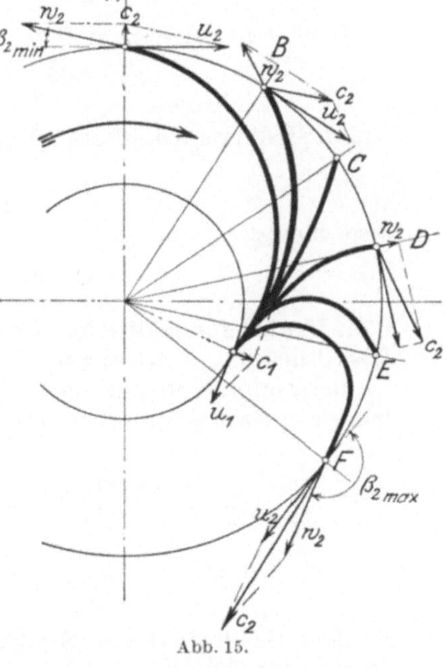

Abb. 15.

$$H = \frac{c_2 \cdot u_2 \cdot \cos \alpha_2}{g} = 0 \, .$$

Würde $\sphericalangle \alpha_2 > 90^0$, so würde sogar, $H < 0$, was natürlich undenkbar ist.

Das Austrittsparallelogramm erhält nun die Form Abb. 16. Vergleicht man es (unter den vorhin gemachten Annahmen) mit dem Eintrittsparallelogramm, welches strichpunktiert eingezeichnet ist, so erhält man:

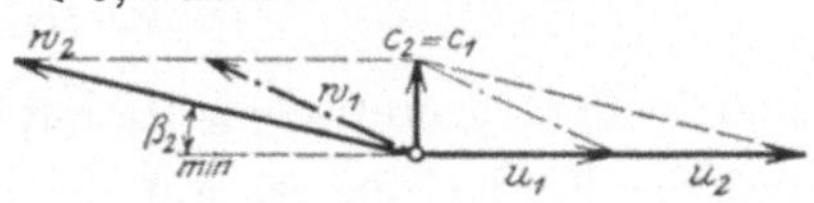

Abb. 16.

$$w_2^2 - u_2^2 = w_1^2 - u_1^2$$

oder auch

$$\frac{w_2^2 - w_1^2}{2\,g} = \frac{u_2^2 - u_1^2}{2\,g} \, ,$$

d. h. die ganze Arbeit des Kreisels [vgl. Gl. (1), S. 10] ist zur Änderung der Relativgeschwindigkeit verbraucht und es entsteht keinerlei Überdruck $h_2 - h_1$. Das Wasser verläßt außerdem die Schaufel mit derselben Geschwindigkeit, mit der es eintrat. Die Schaufel A weist somit die **unterste** erreichbare Größe des $\sphericalangle \beta_2$ auf! Allerdings ist diese nicht in Graden meßbar auszudrücken, weil die absolute Größe des Winkels ja von den Geschwindigkeiten w_2 und u_2, also von Umlaufszahl usw. abhängt.

Läßt man nun den Winkel β_2 wachsen, so kommt man über die Formen B und C zu der **radial** endigenden Schaufel D, welche als Rittingerschaufel bezeichnet wird. Hier entsteht das Parallelogramm Abb. 17 und man erhält: $c_2 \cdot \cos \alpha_2 = u_2$, somit theoretisch: $H = \dfrac{u_2^2}{g}$ in der Hauptgleichung. Ferner ergibt sich $c_2^2 - w_2^2 = u_2^2$, oder, da $w_2 = c_{2\,\mathrm{rad}} = c_1$ sein soll, auch:

$$\frac{c_2^2 - c_1^2}{2\,g} = \frac{u_2^2}{2\,g} = \frac{H}{2}\,.$$

Aus der früheren Gl. (2), S. 10, ergibt sich nun in Verbindung mit Gl. (1):

$$H = \frac{c_2^2 - c_1^2}{2\,g} + (h_2 - h_1),$$

also hier:

$$h_2 - h_1 = \frac{H}{2},$$

d. h. H wird zur Hälfte aus Geschwindigkeitshöhe, zur Hälfte aus dem Überdruck $(h_2 - h_1)$ erzeugt.

Bei weiterer Steigerung des $\sphericalangle \beta_2$ zu einem stumpfen Winkel erhält man **vorwärts gekrümmte Schaufeln.** Schließlich kommt man

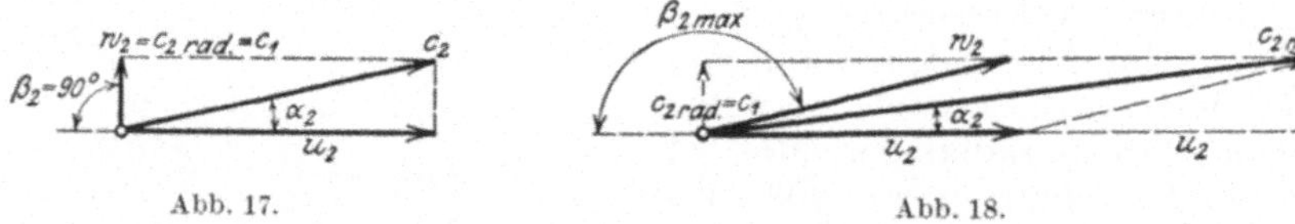

Abb. 17.   Abb. 18.

zu dem Grenzfall der Schaufel F, Abb. 15, wobei das Parallelogramm annähernd zu einem Rhombus Abb. 18 wird. Auch hier ist $c_{2\,\mathrm{rad}} = c_1$, wie angenommen war. Man erhält nun nach Abb. 18

$$c_2 \cdot \cos \alpha_2 = 2 \cdot u_2$$

und in der theoretischen Hauptgleichung: $H = 2 \cdot \dfrac{u_2^2}{g}$, d. h. die theoretische Förderhöhe ist auf das Doppelte gegenüber der Schaufel D gestiegen. Ferner ergibt sich aus dem Parallelogramm Abb. 18

$$c_2^2 - c_1^2 = (2 \cdot u_2)^2,$$

also auch

$$\frac{c_2^2 - c_1^2}{2\,g} = \frac{4 \cdot u_2^2}{2\,g} = H,$$

d. h. die ganze Förderhöhe ergibt sich jetzt lediglich aus der Steigerung der absoluten Geschwindigkeitshöhen, und eine Drucksteigerung kann nicht erfolgt sein. Somit ist der Überdruck $h_2 - h_1 = 0$. Darüber hinaus den $\sphericalangle \beta_2$ zu erhöhen wäre also aus dem Grunde nicht möglich, daß innerhalb der Pumpe dann Saugwirkungen ($h_2 - h_1 < 0$) auftreten würden, wodurch der Wasserfaden abreißen müßte!

Trägt man nun alle Werte für $h_2 - h_1$, $\dfrac{c_2^2 - c_1^2}{2g}$ und das theoretische H für die Schaufelformen A bis F graphisch in irgendwelchem Maßstabe auf, so erhält man Abb. 19. Es sind daraus in übersichtlicher Weise die Änderung des Überdruckes und der Geschwindigkeitshöhen, sowie die Grenzwerte von $H = 0$ bis H_{max} zu erkennen. Man sieht, daß bei den Schaufeln B bis E die Überdrücke nahezu konstant bleiben und sie, wie vorher abgeleitet, sowohl bei A wie bei F Null werden. Selbstverständlich kann man sich praktisch nicht diesen Grenzwerten nähern, denn bei

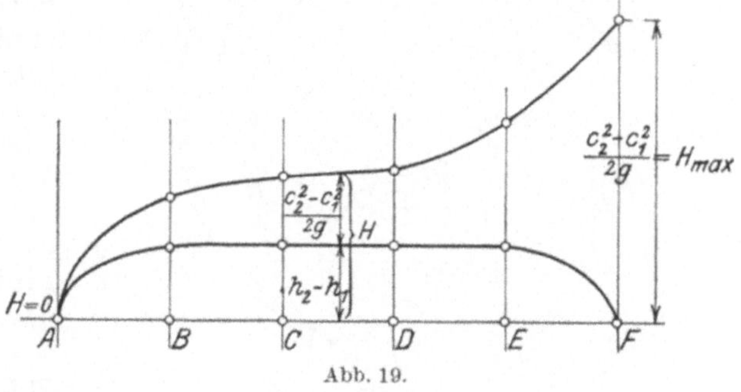

Abb. 19.

kleinem $\sphericalangle \beta_2$ würde infolge des hydraulischen Wirkungsgrades die Erzeugung einer Höhe H bereits früher aufhören, bei zu großem $\sphericalangle \beta_2$ würde dagegen die Gefahr vorliegen, daß der Wasserfaden abreißt.

Als Folgerung aus diesen Betrachtungen ergibt sich nun, daß man bei derselben Pumpe und derselben Umlaufszahl eine größere Förderhöhe erzielt, wenn der Winkel β_2 größer gewählt wird. Hieraus könnte geschlossen werden, daß der größere Winkel β_2 auch der vorteilhaftere wäre. Die vorwärts gekrümmte Schaufel hat aber den Nachteil, daß das Wasser innerhalb des kurzen Weges vom Ein- zum Austritt eine starke Beschleunigung erfährt, was sich praktisch als unzuträglich erwiesen hat. Außerdem ergeben die hohen Geschwindigkeiten in den Leitschaufeln große Reibungsverluste und die Umsetzung der hohen Geschwindigkeit im Druck führt ebenfalls Verluste mit sich. Die vorwärts gekrümmte Schaufel hat daher einen verhältnismäßig schlechten Wirkungsgrad. Bei der rückwärts gekrümmten Schaufel wird dagegen keine so große Beschleunigung des Wassers im Rade erforderlich und das Wasser wird gewissermaßen auf einer schiefen Ebene hinaufgeschoben. Das Wasser besitzt schon einen gewissen Druck, die weitere Umsetzung der absoluten Geschwindigkeit c_2 in Druck macht keine besonderen Schwierigkeiten und die Reibungsverluste im Leitrade sind geringer. Dies hat dazu geführt, daß heute fast ausnahmslos die Rückwärtsschaufel mit $\beta_2 = 50^0$ bis 25^0 ausgeführt wird.

B. Form der Laufradschaufel.

Was nun die Schaufelform selbst anbelangt, so ist es theoretisch einerlei, wie die Umleitung des Wassers vom Eintritt zum Austritt vollzogen wird, da die Hauptgleichung ja nur auf die Geschwindigkeiten und Winkel an den Ein- und Austrittspunkten Bezug nimmt. Es handelt sich also darum, die Schaufelenden den Winkeln entsprechend richtig auszuführen und das Wasser möglichst verlustlos umzulenken. Alle daraufhin angestellten Versuche haben gezeigt, daß die Schaufelform die beste ist, welche eine möglichst gleichmäßige Beschleunigung des Wassers in der Schaufelkammer hervorruft und einen kontinuierlichen Übergang in die Leitschaufel

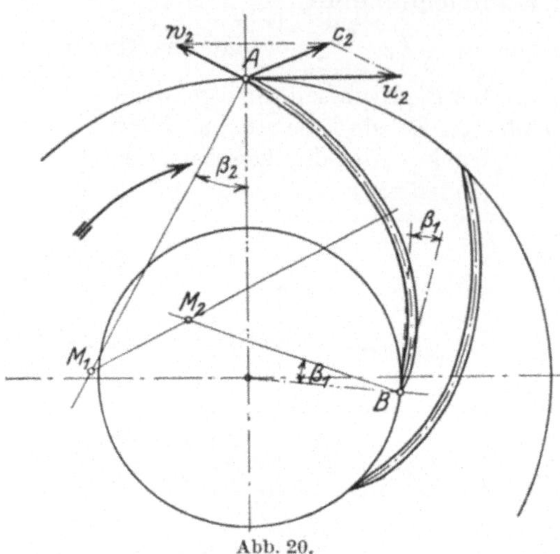

Abb. 20.

ermöglicht. (Vgl. später auch bei „Kennlinien".) Dies ist vorläufig eine Schaufel, welche bei nicht zu starker Rückwärtskrümmung Kreisbogenform aufweist, und es mag hier erwähnt werden, daß heute fast alle einschlägigen Fabriken diese Form anwenden, wenn sie auch ihre Besonderheiten in der Formgebung vielfach als ihr Geheimnis hüten, da hierin gerade eine große Erfahrung stecken kann.

Man konstruiert die Kreisbogenschaufel, wie die Abb. 20 und 21 zeigen, indem man die Form entweder aus mehreren Kreisbögen zusammensetzt oder auch aus einem einzigen Bogen bildet.

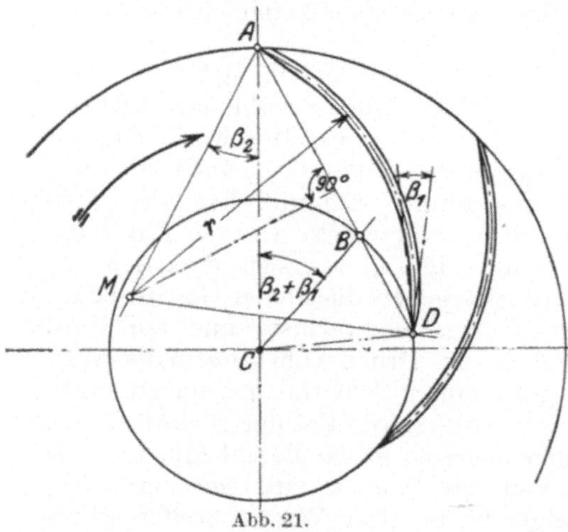

Abb. 21.

Bei Abb. 20 ist nötig: Antragen des $\sphericalangle \beta_2$ von irgendeinem Punkt A des äußeren Laufraddurchmessers aus, Schlagen eines beliebigen, aber ziemlich großen Kreisbogens um M_1, Antragen des $\sphericalangle \beta_1$ von einem beliebigen Punkte B aus und Aufsuchen eines Kreisbogens, der seinen Mittelpunkt M_2 auf dem Fahrstrahl durch B hat und in den zuerst gezogenen Kreisbogen

einmündet. Natürlich sind mehrere Lösungen möglich, aber es ist diejenige zu wählen, bei welcher der
zuerst geschlagene Kreisbogen den
größeren Radius hat und wobei
trotzdem die Schaufel nicht zu lang
wird. Die Schaufel selbst wird zu-
gespitzt, wie die Abbildung erkennen läßt.

Bei Abb. 21 ist die Kon-
struktion wie folgt: Antragen
des $\sphericalangle \beta_2$ von irgendeinem Punkt A
des äußeren Laufraddurchmessers
aus, Antragen des $\sphericalangle \beta_1 + \beta_2$ von C
aus, wodurch man Punkt B erhält.
Alsdann: Ziehen der Linie $A B$, bis
diese den inneren Laufraddurchmesser in D schneidet, Halbieren
von $A D$ und Errichten eines Lo-
tes auf dem Halbierungspunkt, wo-

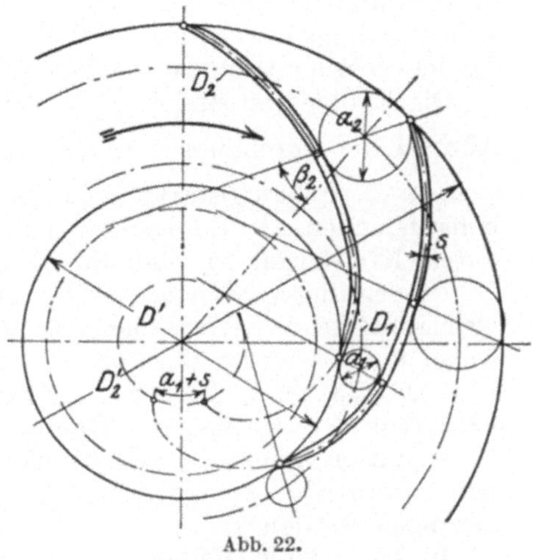

Abb. 22.

durch man den Mittelpunkt M des gesuchten Kreisbogens erhält. Der
Winkel zwischen der Schaufel und
dem inneren Radumfang ist dann
der verlangte Winkel β_1.

Die Schaufeln Abb. 20 und 21
haben über ihre ganze Breite b_1
und b_2 die gleiche Gestalt, da bei
Pumpen in der Regel eine nennenswerte Schaufelkrümmung nach
mehreren Ebenen nicht auftritt.
(Sonst vgl. Abb. 23 später.)

Neumann[1] hat vorgeschlagen,
die Schaufelenden in Evolventenform auszubilden, wodurch
man unter genauer Einhaltung der
$\sphericalangle \beta_1$ und β_2 eine gute Führung des Wassers zwischen
zwei parallelen Schaufelwän-
den erhält. Es stammt diese
Konstruktion aus dem Was-
serturbinenbau und hat sich
dort bei den sehr breiten
Schaufelkanälen bewährt.
Die Aufzeichnung erfolgt, wie
Abb. 22 angibt. Man bestimmt
die Schaufelweiten a_2 und a_1,
wobei es üblich ist, die Durch-

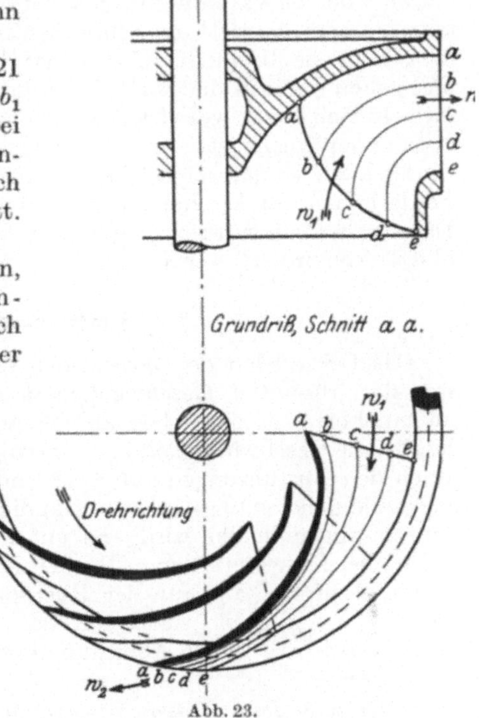

Abb. 23.

<hr>

[1] Neumann: Die Zentrifugalpumpen mit besonderer Berücksichtigung ihrer
Schaufelschnitte. Berlin: Julius Springer.

messer D_2 und D_1 auf „Mitte Austritt" oder „Eintritt" (also nicht auf die Schaufelendkante wie bei Abb. 21) zu beziehen. Hierdurch ergeben sich allerdings etwas kleinere Werte für H in der Hauptgleichung, da das letzte Schaufelstück von D_2 bis D_2' unberücksichtigt bleibt.

Die Evolventen sind nun zu bilden auf Grundkreisen, welche nach Abb. 22 die Durchmesser erhalten müssen: $\dfrac{(a_2 + s) \cdot z}{\pi}$ bzw. $\dfrac{(a_1 + s) \cdot z}{\pi}$, wenn s die Schaufelstärke, z die Schaufelzahl bedeutet. Nachdem die Schaufelenden als Evolventen gezeichnet sind, verbindet man diese durch Kreisbögen so, daß die Schaufelkanäle sich stetig erweitern.

Zu erwähnen ist noch die besondere Schaufelkonstruktion, welche bei großen Wassermengen und kleinen Förderhöhen vorkommt, wobei die Laufräder die Form einer „Francisturbine" erhalten, z. B. wie Abb. 23 zeigt. Hier ist eine ausgesprochene Schaufelkrümmung nach den drei Ebenen des Raumes vorhanden, so daß die Schaufelkonstruktion mit sog. „Schichtlinien" $abcde$ und „Schaufelklotz" wie bei Turbinen[1] durchzuführen ist, worauf aber hier nicht näher eingegangen werden kann.

In besonderen Fällen verwendet man schließlich heute die sog. Schrauben-Kreiselräder, wie die späteren Abb. 52 und 55 z. B. zeigen. Die Schaufeln werden hierbei entweder nach dem patentierten Verfahren von Lawaczek[2] ausgebildet, welcher die Schaufel vom Eintritt bis zum Austritt als Schraubenfläche gleicher Steigung verlaufen läßt, oder sie beginnen in dem axialen Laufradteil schraubenförmig und gehen dann in die Form der Schaufel Abb. 23 über. Die Schaufelformen sind zwar verwickelter als die der normalen Pumpen, aber man erzielt recht günstige Wirkungsgrade und eine große Schnelllaufigkeit, so daß solche Pumpen für große Wassermengen und kleine Förderhöhen durch schnellaufende Motore angetrieben werden können. Diese Schaufeln müssen ebenfalls mit „Schichtlinien" und „Schaufelklotz" konstruiert werden.

6. Leitradschaufeln.

Das Leitrad hat den Zweck, das Wasser, welches aus dem Laufrad mit der absoluten Geschwindigkeit c_2 strömt, stoß- und wirbelfrei aufzunehmen, es nach dem anschließenden Gehäuse umzulenken und hierbei die Geschwindigkeit c_2 zu verringern und in Druck umzuwandeln. Nach den Ausführungen auf S. 11 findet nun in den Laufradschaufeln nicht die gleichmäßige und vollständige Ablenkung statt, wie sie theoretisch angenommen wird. Es entsteht in der Schaufelkammer eine ungleiche Druckverteilung. Der Druck wird auf der Vorderseite der Schaufel größer als auf der Rückseite, und daher wird umgekehrt die Geschwindigkeit wieder auf der Rückseite größer. Die Folge ist nach Pfleiderer[3] eine Abbiegung der austretenden Wasserfäden nach

---

[1] Vgl. z. B. des Verfassers Wasserkraftmaschinen im gleichen Verlag.
[2] Patentschrift 35154, Kl. 88 A.
[3] Pfleiderer: Die Kreiselpumpen. Berlin: Julius Springer.

rückwärts etwa nach Abb. 24, was gewissermaßen einer Verkleinerung von $\sphericalangle\,\beta_2$ auf $\beta_2{}'$ entspricht. Dies ergibt wiederum eine Veränderung der absoluten Geschwindigkeit c_2 auf c_3 und eine Parallelogrammverschiebung ungefähr wie Abb. 25 zeigt. Man erhält einen neuen Winkel α_3, der nun der Leitschaufel zu geben ist.

Man ermittelt c_3 und $\sphericalangle\,\alpha_3$ wie folgt:

Die Hauptgleichung lautete:

$$H_{(man)} = \eta_h \cdot \frac{k \cdot u_2 \cdot c_{u_2}}{g}.$$

Hierin ist nun k der Faktor, welcher die angegebene Strömungsveränderung berücksichtigt, und zwar am Austritt aus den Schaufelkammern, da sich am Eintritt kaum nennenswerte Verschiebungen ergeben. Nach Abb. 25 bleibt u_2 in seiner Größe erhalten; auch H, η_h und g behalten

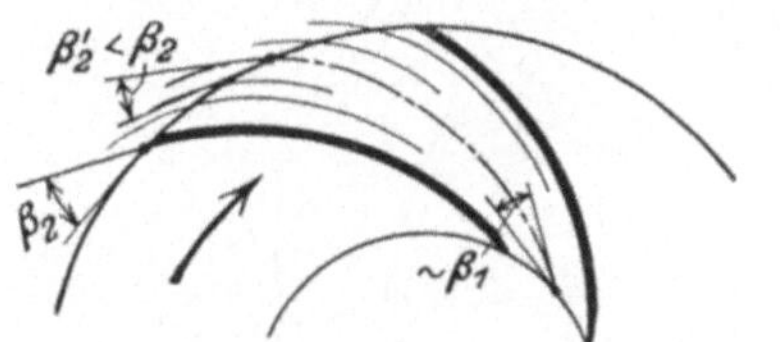

Abb. 24.

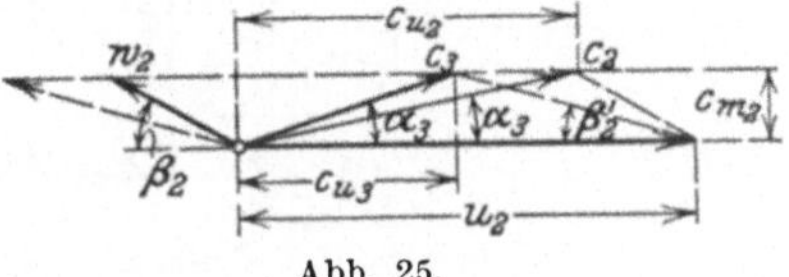

Abb. 25.

ihre Werte. Demnach muß annähernd $c_{u_3} \sim k \cdot c_{u_2}$ sein. Da schließlich wegen der bestimmten Wassermenge auch die sog. Meridiankomponente c_{m_2} ihren Wert behält, ergibt sich $\sphericalangle\,\alpha_3$ aus:

$$\operatorname{tg}\alpha_3 = \frac{c_{m_2}}{c_{u_3}}.$$

Die Leitschaufel muß also unter dem $\sphericalangle\,\alpha_3$ des verschobenen Geschwindigkeitsparallelogramms (Abb. 25) stehen. Alsdann muß sie eine derartige Krümmung erhalten, daß der Übergang in das Gehäuse dem Sinn der weiteren Strömung im Gehäuse entspricht. Aus diesem Grunde erhalten die Schaufeln entweder sichelförmige Gestalt (Abb. 26), und zwar wenn das Gehäuse spiralförmig ist (vgl. Abb. 7 früher), oder aber sie erhalten doppelte Krümmung mit ungefähr radialem Austritt (Abb. 27), wenn das Gehäuse ringförmig ist, oder sich ein Überströmkanal zum nächsten Laufrad anschließt (vgl. Abb. 9 früher). Die Erweiterung der Schaufel zur Doppelschaufel, wie sie Abb. 27 zeigt, erweist sich wegen der besseren Wasserführung als vorteilhaft. Der Kanalquerschnitt erweitert sich düsenartig und derart, daß eine allmähliche Umsetzung der Geschwindigkeit in Druck erfolgen kann. Erwiesenermaßen treten hierbei nicht unbeträchtliche Verluste auf, welche den Wirkungsgrad der Pumpe ungünstig beeinflussen, aber es ist bisher noch nicht gelungen, zweckmäßigere Übergangsformen zu finden. Eine Verbesserung wurde z. B. erstrebt durch Leitrippen oder Umkehrschaufeln (Abb. 28), welche das Wasser vollkommen vom Leitrad bis zum nächsten Laufrad führen. Der hierdurch entstehende Kanal (vom Leitschaufelanfang bis zum rückwärtigen Ende) muß so bemessen sein, daß eine möglichst gleichmäßige Querschnittsänderung auftritt. Es entsteht jedoch viel Reibung, und eine Erhöhung des Wirkungsgrades ist nicht erzielt worden.

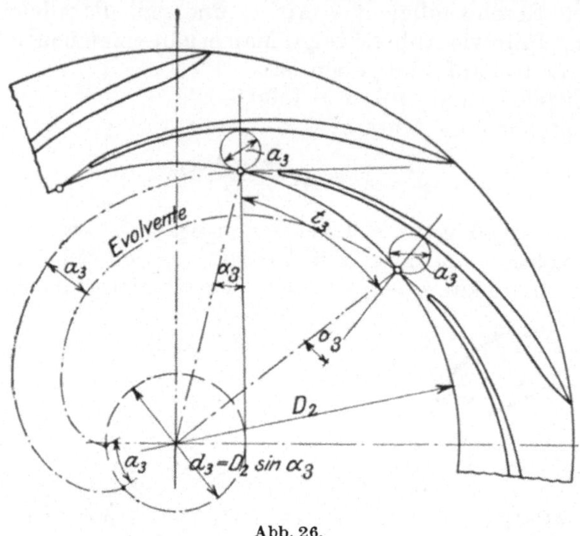

Abb. 26.

Man konstruiert nun am besten folgendermaßen: Abtragen der Schaufelteilung t_3 nach der gewählten Schaufelzahl z_3 (siehe unter 7), woraus sich, wie Abb. 29 zeigt, bei gegebenem Winkel α_3 die Weite a_3

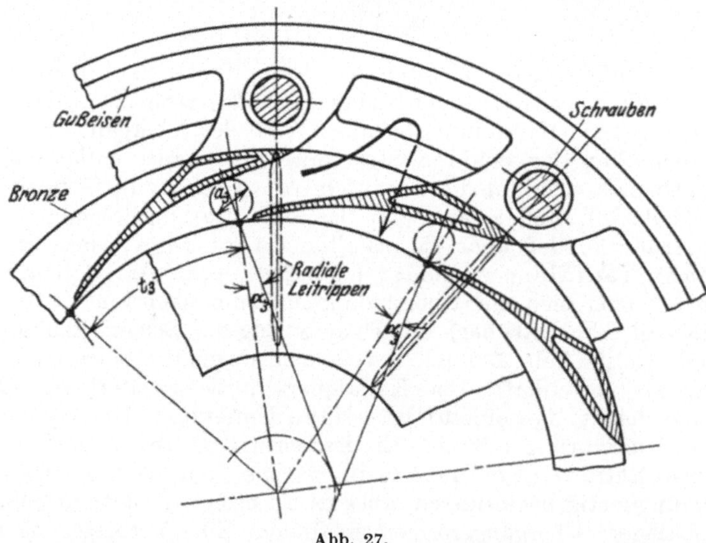

Abb. 27.

ergibt. Übertragen der Weite a_3 als Kreise in die Abb. 26 oder 27. Die Schaufelenden vom Eintritt bis zu den Kreisen werden entweder in Evolventenform (was unter Einhaltung des $\sphericalangle\ \alpha_3$ parallele

Führung ergibt) oder in einem **Kreisbogen** aufgezeichnet. Der Grundkreis der Evolvente würde, wie bereits im Abschn. 5 gezeigt wurde und wie sich auch aus Abb. 26 ergibt, den Durchmesser $d_3 = \dfrac{z_3 \cdot a_3}{\pi}$
$= D_2 \cdot \sin \alpha_3$ erhalten, wenn die Schaufelstärke s wegen der Zuschärfung der Schaufel vernachlässigt wird. An die Schaufelenden schließt sich nun ein beliebiger bogenförmiger Übergang je nach Art des sich anschließenden Gehäuses, wie oben erwähnt war. Zu beachten ist

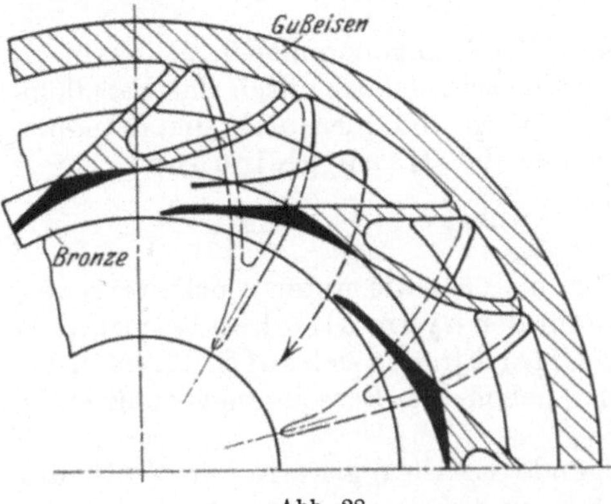

Abb. 28.

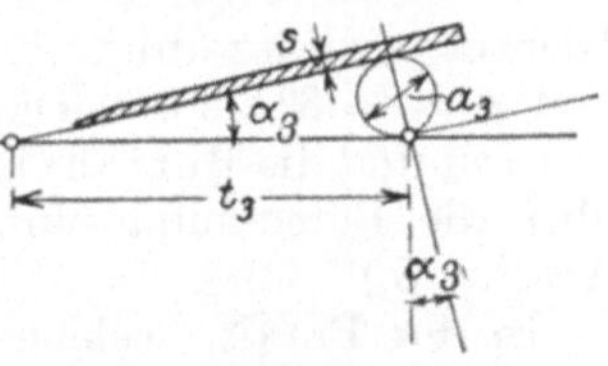

Abb. 29.

noch, daß die Leitschaufel niemals bis zum Durchmesser D_2 herangeführt wird, sondern mit Spielraum endigt, was sich als praktisch vorteilhaft erwiesen hat. Die Schaufeln werden am Anfang stets zugeschärft. Um recht dünne Wandstärken s geben zu können, macht man die Leiträder entweder vollständig aus **Bronze** oder aber doch wenigstens teilweise, wie die Abb. 27 und 28 zeigen. Weitere Ausführungsformen enthalten die späteren Konstruktionsbeispiele in den Abschn. 11 u. 12.

7. Allgemeine Berechnungsangaben.

Die Berechnung des **Eintrittsdurchmessers am Laufrad** D_0 erfolgt unter Annahme einer bestimmten Geschwindigkeit $c_0 = 2$ bis 4 m/sek, wobei die Verengung durch Welle und Nabe zu berücksichtigen ist. Für Entwurfsrechnungen kann man hierfür etwa 10 bis 25% des ganzen Querschnitts annehmen. Bei vielstufigen Pumpen kann aber die Verengung bis auf 30% steigen. Zu der zu fördernden Wassermenge Q wird häufig noch der Spaltverlust addiert. Man rechnet dann mit 3 bis 10% Zuschlag, je nach Bauart der Pumpe. Bei einseitigem Einlauf nach Abb. 10, bei 15% Verengung und 5% Spaltverlust wird also z. B.:

$$0,85 \cdot \frac{D_0^2 \cdot \pi}{4} \cdot c_0 = 1,05 \cdot Q.$$

Der **Laufraddurchmesser** D_2 wird nach dem Eintrittsdurchmesser D_0 gewählt, und zwar findet man bei Niederdruckpumpen, je nach Radform: $D_2 = 1,2$ bis $2 \cdot D_0$, bei Hochdruckpumpen: $D_2 = 1,5$ bis $2,5 \cdot D_0$.

Die Umfangsgeschwindigkeit u_2 ergibt sich aus der Umlaufszahl der Pumpe, welche in der Regel durch den Antriebsmotor festgelegt ist, wenn nicht gerade Riemenantrieb gewählt wird. So werden z. B. die neueren Hochdruckpumpen vielfach durch Drehstrommotore angetrieben, und erhalten daher die üblichen Drehzahlen von etwa $n = 950$, 1450 oder 2900/min. Bei Dampfturbinenantrieb findet man $n = 2000$ bis 5000/min und mehr.

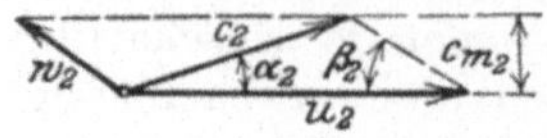

Abb. 30.

Aus u_2 und angenommenen Winkeln β_2 und α_2 ergibt sich sodann durch das Parallelogramm Abb. 30 die Geschwindigkeit c_2 und hierdurch die manometrische Förderhöhe des Rades aus der Hauptgleichung:

$$H_{(man)} = \eta_h \frac{k \cdot u_2 \cdot c_{u2}}{g}, \text{ wobei } c_{u2} = c_2 \cdot \cos \alpha_2.$$

Hierbei wird gewählt: $\sphericalangle \beta_2 = 50^0$ bis 25^0, wie unter 5 erläutert war, und $\sphericalangle \alpha_2 = 8^0$ bis 15^0. Die Werte für den hydraulischen Wirkungsgrad η_h und die Berichtigungsziffer k finden sich auf S. 12. (Näheres über die Berechnung von $H_{(man)}$ geben die Berechnungsbeispiele im Abschn. 8.)

In der Praxis, welcher genügende Erfahrungswerte zur Verfügung stehen, zieht man in der Regel η_h und k zusammen und nennt das Produkt $\eta_h \cdot k$ den „hydraulischen Wirkungsgrad". Es ist aber dann der Schätzung überlassen, welcher Anteil hiervon der Antriebsleistung zur Last fällt und welcher Anteil eine Strömungsveränderung bewirkt, d. h. auch welcher $\sphericalangle \alpha_3$ nachher der Leitschaufel zu geben ist. (Vgl. Abschn. 6.) Für den Anfänger, dem noch nicht die Erfahrung zur Seite steht, dürfte also die Trennung von η_h und k übersichtlicher sein.

In der Regel wird die Hauptgleichung auf den äußeren Raddurchmesser D_2, also die Schaufelendkante bezogen (vgl. Abb. 20, 21, S. 18). Mitunter bezieht man aber auch die Gleichung auf „Mitte Austritt", wovon bei der Neumannschen Schaufelkonstruktion (Abb. 22) die Rede war. Beide Rechnungen sind richtig, je nachdem man den mittleren Wasserfaden zwischen den Schaufeln oder den Wasserfaden auf dem Schaufelrücken betrachtet. Zu bemerken ist aber, daß man bei Beziehung auf „Mitte Austritt" das letzte Stück des arbeitenden Schaufelrückens vernachlässigt und daher eigentlich zu große Räder erhält. Um hier ein richtiges $H_{(man)}$ zu erhalten, muß man k wesentlich größer annehmen oder überhaupt $k = 1$ setzen.

Zu beachten ist weiter, daß die Hauptgleichung in obiger Form nur gilt, wenn die absolute Eintrittsgeschwindigkeit c_1 radial gerichtet ist, also $\sphericalangle \alpha_1 = 90^0$ wird, wie dies auf S. 11 abgeleitet war. In Ausnahmefällen, und zwar wenn bei großen Rädern und großer Umfangsgeschwindigkeit sich zu enge Schaufelkanäle und zu große Relativgeschwindigkeiten ergeben, macht man auch mitunter $\sphericalangle \alpha_1 < 90^0$. Man hat aber dann die Hauptgleichung in ihrer allgemeinen Form, nämlich:

$$H_{(man)} = \eta_h \cdot \frac{k \cdot u_2 \cdot c_2 \cdot \cos \alpha_2 - u_1 \cdot c_1 \cdot \cos \alpha_1}{g}$$

zu benutzen.

Der Schaufelwinkel β_1 am Eintritt ergibt sich aus dem Geschwindigkeitsparallelogramm Abb. 13 zu $\operatorname{tg} \beta_1 = \dfrac{c_1}{u_1}$, wobei in der Regel u_1 und c_1 bekannt sind.

Die lichten Radbreiten b_1 und b_2 (vgl. Abb. 10) ergeben sich wie folgt: Bestimmung der Breite b_1 unter Annahme einer absoluten Eintrittsgeschwindigkeit c_1, die ähnlich c_0 gewählt wird. Hierbei kann die Verengung durch die Schaufeln, je nach ihrer Zahl und Zuschärfung, mit 5 bis 15% berücksichtigt werden. Rechnet man also wieder mit der Spaltwassermenge von 5% von Q, so erhält man die Gleichung:

$$0,95 \div 0,85 \cdot (D_1 \cdot \pi \cdot b_1) \cdot c_1 = 1,05 \cdot Q .$$

Die Austrittsbreite b_2 wird in ganz ähnlicher Weise berechnet, nur daß man hier die sog. Meridiankomponente $c_{m2} = c_2 \cdot \sin \alpha_2$ (Abb. 30) zu nehmen hat. Die Verengung durch die Schaufeln ist meist wegen starker Zuschärfung gering und wird daher entweder gar nicht oder höchstens mit 5% berücksichtigt. Bei 5% Spaltwasser, wie oben, ergibt sich also hier:

$$0,95 \div 1 \cdot (D_2 \cdot \pi \cdot b_2) \cdot c_{m2} = 1,05 \cdot Q .$$

Beim Übergang von b_1 auf b_2 muß möglichste Stetigkeit herrschen, damit plötzliche Querschnittsveränderungen, die stets mit Verlusten verknüpft sind, vermieden werden.

Das Leitrad erhält eine Breite b_3, die in der Regel 1 bis 2 mm größer als b_2 gemacht wird, damit das Wasser mit Sicherheit stoßfrei in das Leitrad gelangt. Der Schaufelwinkel α_3 ergibt sich, wie in Abschn. 6 erläutert war. Als Schaufelzahlen wählt man 6 bis 12, je nach Radgröße, nimmt aber am besten im Lauf- und Leitrade verschiedene Zahlen an. Die Schaufelstärken richten sich nach dem Material. Gußeiserne Schaufeln erhalten $s = 4$ bis 11 mm, Bronzeschaufeln $s = 3$ bis 6 mm Stärke, je nach Radgröße.

Die erforderliche Antriebsleistung einer Pumpe, bezogen auf das Schaufelrad, würde betragen:

$$N_i = \frac{Q \cdot H_{(\mathrm{man})}}{60 \cdot 75} \cdot \frac{1}{\eta_h},$$

falls Q in l/min angegeben ist. Um den Leistungsbedarf an der Riemenscheibe bzw. des Motors zu ermitteln, muß dann noch der mechanische Wirkungsgrad der Pumpe berücksichtigt werden, der zu etwa $\eta_m = 0,9$ geschätzt werden kann. Man erhält dann:

$$N = \frac{Q \cdot H_{(\mathrm{man})}}{60 \cdot 75} \cdot \frac{1}{\eta_h \cdot \eta_m} .$$

Wie schon früher unter 4. angeführt wurde, erreicht man bei neuzeitlichen Leitradpumpen einen Gesamtwirkungsgrad von 0,74 bis 0,78, bezogen auf die „manometrische Förderhöhe". Für die „geometrische Förderhöhe" würde η, je nach Länge und Ausführung der Rohrleitung, etwas niedriger sein.

Besondere Aufmerksamkeit ist der Berechnung der Wellen zu widmen, wenn es sich um hohe Umlaufszahlen und weite Lagerung handelt, wie dies bei mehrstufigen Hochdruckpumpen heute vielfach vorkommt. Die Wellen gewöhnlicher Kreiselpumpen sowie auch der Hochdruckpumpen mit geringer Stufenzahl und nicht zu hoher Umlaufszahl können als sog. normale Transmissionswellen berechnet werden nach der bekannten Formel:

$$d = \sqrt[3]{3000 \, \frac{N}{n}},$$

woraus sich der Durchmesser d in cm ergibt.

In den oben angeführten Fällen ist aber darauf Bedacht zu nehmen, daß die sog. „kritische Drehzahl" genügend weit oberhalb der gewählten Umlaufszahl der Welle liegt. Befindet sich auf der langen und daher biegsamen Welle der Pumpe ein Rad, dessen Schwerpunkt nicht genau mit dem der Welle zusammenfällt, so wird bei der hohen Umlaufszahl die auftretende Zentrifugalkraft eine Durchbiegung hervorrufen, die unter Umständen zum Bruch der Welle führt. Es ist daher bei solchen Wellen Haupterfordernis, daß sie mit den aufgekeilten Laufrädern aufs sorgfältigste ausgewuchtet werden. Dies geschieht in der Regel im Ruhezustand; bei Spezialfabriken findet man aber heute Einrichtungen, welche gestatten, eine etwaige Durchbiegung der Welle samt Laufrädern bei voller Umlaufszahl zu messen. Es findet also hier eine „dynamische Auswuchtung" statt.

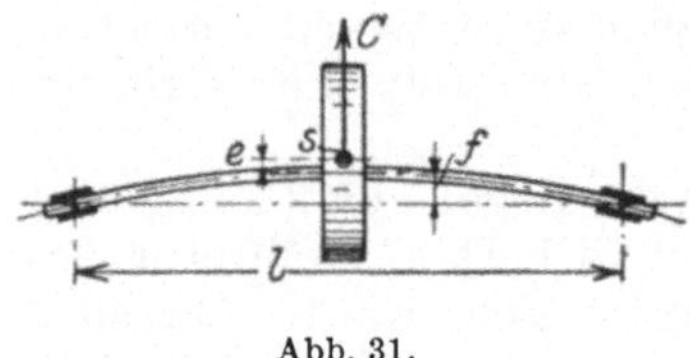

Abb. 31.

Betrachtet man nun die Durchbiegung der Welle infolge der Zentrifugalkraft C, so erhält man folgende Rechnung: Beträgt das Gewicht des exzentrisch sitzenden Rades G kg, die Exzentrizität e cm, so ist bei einer Durchbiegung von f cm, vgl. Abb. 31:

$$C = m \cdot r \cdot \omega^2 = \frac{G}{g} \cdot (e + f) \cdot \omega^2.$$

Führt man nun eine Kraft P ein, welche eine Durchbiegung der Welle um 1 cm hervorrufen würde, so erhält man auch $C = P \cdot f$, also:

$$P \cdot f = \frac{G}{g} \cdot (e + f) \cdot \omega^2 \quad \text{und hieraus:} \quad f = \frac{e}{\dfrac{P \cdot g}{G \cdot \omega^2} - 1}.$$

Hierin sind f und e in cm einzusetzen, somit auch g in cm/sek^2. Wird nun $\dfrac{P \cdot g}{G \cdot \omega^2} = 1$, so wird $f = \infty$, die Welle muß brechen. Es ist dann auch:

$$\omega^2 = \frac{P \cdot g}{G} \quad \text{oder} \quad \omega = \sqrt{\frac{P \cdot g}{G}},$$

was man als „kritische Winkelgeschwindigkeit" bezeichnet. Setzt man schließlich für $\omega = \dfrac{\pi \cdot n}{30}$ und $g = 981$ cm/sek^2, so erhält man als „kritische Drehzahl":

$$n_k = 300 \cdot \sqrt{\frac{P}{G}}.$$

Für praktische Rechnungen kann man nun folgendermaßen vorgehen: Man nimmt die Wellenstärke nach überschläglicher Berechnung auf Verdrehung an (vgl. Beispiele unter 8., B), bestimmt die Kraft P, welche eine Durchbiegung $f = 1$ cm hervorrufen würde, sowie das Gewicht G der umlaufenden Teile und sodann die kritische Drehzahl n_k. Die gewählte Umlaufszahl n muß alsdann **weit unter der kritischen Drehzahl** n_k liegen (in der Regel mindestens um 50%), damit auch bei geringer Exzentrizität der Massen, trotz Auswuchtung, eine unzulässige Durchbiegung nicht auftreten kann.

Weiteres über die Berechnungen bei Kreiselpumpen zeigen alsdann die Beispiele im folgenden Abschnitt. Berechnungsangaben über Gehäuse und Entlastungsvorrichtungen finden sich ferner in den Abschnitten 9 bis 12.

8. Berechnung von Kreiselpumpen.

Die Berechnung soll der Übersichtlichkeit wegen an Hand von einigen praktischen Beispielen für verschiedene Verwendungszwecke und Ausführungsarten der Pumpen durchgeführt werden.

Beispiel A. Berechnung einer Niederdruckpumpe ohne Leitrad.

Mittels einer gewöhnlichen Kreiselpumpe sollen $Q = 12 \text{ m}^3/\text{min}$ auf etwa $H_{(man)} = 10$ m gefördert werden. Das Rad soll doppelseitigen Einlauf nach Abb. 3 erhalten und spiralförmiges Druckgehäuse.

a) Leistungsbedarf. Bei einem hydraulischen Wirkungsgrad $\eta_h = 0{,}7$ und einem mechanischen Wirkungsgrad $\eta_m = 0{,}9$ ergibt sich gemäß Abschnitt 7:

$$N = \frac{12000 \cdot 10}{60 \cdot 75} \cdot \frac{1}{0{,}7 \cdot 0{,}9}$$

und hieraus:

$$N \cong 43 \,\text{PS}$$

an der Antriebsscheibe.

b) Laufraddurchmesser D_0, D_1, D_2. Bei zweiseitigem Einlauf und einer Geschwindigkeit $c_0 = 2{,}0$ m/sek ergibt sich unter Berücksichtigung der Verengung durch Welle und Nabe mit etwa 12% (Kontrollrechnung vgl. unter f) und einem Spaltverlust von etwa 5%:

$$0{,}88 \cdot \frac{D_0^2 \cdot \pi}{4} \cdot c_0 = 1{,}05 \cdot \frac{Q}{2} \text{ m}^3/\text{sek}$$

$$\frac{D_0^2 \cdot \pi}{4} = \frac{1{,}05 \cdot 12}{60 \cdot 2 \cdot 2 \cdot 0{,}88} = 0{,}0596 \text{ m}^2 = 596 \text{ cm}^2$$

$$D_0 = 275 \,\varnothing.$$

Gewählt aus konstruktiven Gründen (vgl. die spätere Abb. 34):

$$D_1 = 255 \,\varnothing$$

$$D_2 = 540 \,\varnothing.$$

c) Geschwindigkeiten am Laufradaustritt und Umlaufszahl. Es ist nach der Hauptgleichung:

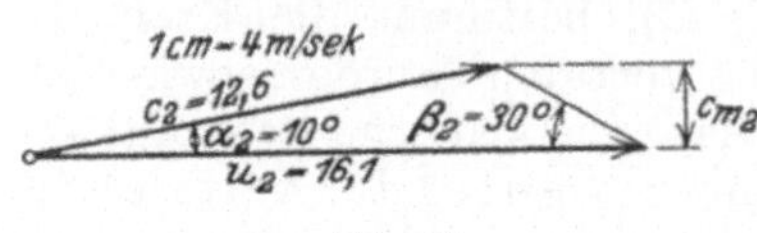

Abb. 32.

$$H_{(man)} = \eta_h \cdot \frac{k \cdot u_2 \cdot c_{u2}}{g}.$$

Hierin ist bekannt $H = 10$ m, $\eta_h = 0{,}7$. Die Berichtigungsziffer k kann nach der Tabelle auf S. 13 mit $\sim 0{,}7$ eingesetzt werden. Die übrigen Größen sind vom Geschwindigkeitsparallelogramm abhängig. Gewählt werde z. B. $\sphericalangle \beta_2 = 30^0$ und $\sphericalangle \alpha_2 = 10^0$. Dann ist nach Abb. 32:

$$\frac{c_2}{u_2} = \frac{\sin 30^0}{\sin(180^0 - 40^0)} = \frac{\sin 30^0}{\sin 40^0}$$

oder:

$$c_2 = u_2 \cdot \frac{\sin 30^0}{\sin 40^0} = 0{,}78 \cdot u_2.$$

Die Hauptgleichung erhält somit die Form:

$$10 = 0{,}49 \cdot \frac{u_2^2 \cdot 0{,}78 \cdot \cos 10^0}{9{,}81}$$

und hieraus ergibt sich:

$$u_2 = \sqrt{\frac{10 \cdot 9{,}81}{0{,}49 \cdot 0{,}78 \cdot 0{,}985}} = \sqrt{260} = 16{,}1 \text{ m/sek}.$$

Ferner wird:

$$c_2 = 0{,}78 \cdot u_2 = 12{,}6 \text{ m/sek}$$

und

$$n = \frac{60 \cdot u_2}{D_2 \cdot \pi} = \frac{60 \cdot 16{,}1}{0{,}54 \cdot \pi}$$

$$n = 570/\text{min} \text{ als Umlaufszahl der Pumpe.}$$

Wünscht man beispielsweise eine Umlaufszahl von genau $n = 500/\text{min}$ zu erhalten, so läßt sich dies leicht erreichen, indem man die Winkel β_2 und α_2 um geringes ändert oder D_2 etwas vergrößert.

d) Laufradbreiten b_1 und b_2. Am Schaufeleintritt besteht nach Abschn. 7, und weil hier zwei Einläufe vorhanden sind, die Gleichung:

$$1{,}05 \cdot \frac{Q}{2} \text{ m}^3/\text{sek} = 0{,}9 \cdot (D_1 \cdot \pi \cdot b_1) \cdot c_1,$$

falls die Verengung durch die Schaufelspitzen hier mit $\sim 10\%$ berücksichtigt wird. Wählt man nun c_1, und zwar etwas größer als c_0, z. B. $c_1 = 2{,}3$ m/sek, so erhält man:

$$b_1 = \frac{1{,}05 \cdot 12}{2 \cdot 60 \cdot 0{,}9 \cdot 0{,}255 \cdot \pi \cdot 2{,}3} = 0{,}064 \text{ m}.$$

Gewählt werde hiernach:

$$b_1 = 64 \text{ mm}.$$

Am Laufradaustritt tritt, falls man dort eine Verengung durch die Schaufeln von nur 5% annimmt, die Gleichung auf:

$$1{,}05 \cdot Q = 0{,}95 \cdot (D_2 \; b_2 \cdot \pi) \cdot c_{m2}.$$

Aus dem Dreieck Abb. 32 ergab sich nun: $c_{m2} = c_2 \cdot \sin \alpha_2 = 2,2$ m/sek, somit erhält man:

$$b_2 = \frac{1,05 \cdot 12}{60 \cdot 0,95 \cdot 0,54 \cdot \pi \cdot 2,2} = 0,06 \text{ m}.$$

Also:
$$b_2 = 60 \text{ mm}.$$

e) Geschwindigkeiten und Winkel am Eintritt. Am Schaufeleintritt sind gegeben: $c_1 = 2,3$ m/sek, ferner ist bekannt:

$$u_1 = u_2 \frac{D_1}{D_2} = 16,1 \frac{255}{540} = 8,6 \text{ m/sek.}$$

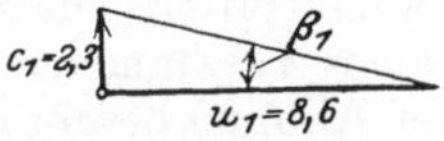

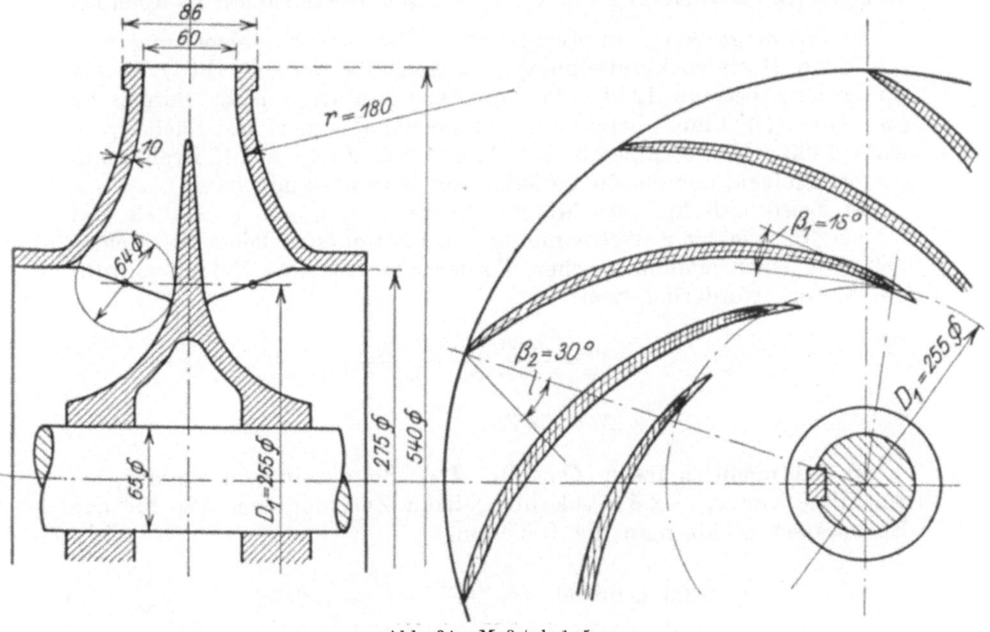

Abb. 33.

Hieraus kann das Parallelogramm Abb. 33 gezeichnet werden, da $c_1 \perp u_1$ stehen soll, wie im Abschn. 4 gezeigt war. Man erhält aus Abb. 33 graphisch oder rechnerisch den Schaufelwinkel:

$$\sphericalangle \beta_1 \cong 15^0.$$

f) Welle. Da es sich hier um keine große Umlaufszahl handelt und die freie Länge der Welle nicht sonderlich groß wird, kann die

Abb. 34. Maßstab 1:5.

Berechnung als „normale Transmissionswelle" durchgeführt werden nach der bekannten Formel:

$$d = \sqrt[3]{3000 \frac{N}{n}} = \sqrt[3]{3000 \frac{43}{570}} = 6,1 \text{ cm}.$$

Gewählt werde: $d = 65$ mm $\varnothing$.

Wird dementsprechend die Nabe mit einem Anfangsdurchmesser von 95 mm ausgeführt, wie Abb. 34 zeigt, so entspricht dies einer

Fläche von $71\ \text{cm}^2 \eqsim 12\%$ des Eintrittsquerschnittes $\dfrac{D_0^2 \cdot \pi}{4}$, so daß die ursprüngliche Annahme der Querschnittsverengung angebracht war.

g) Entwurf des Rades. Der Entwurf des Laufrades ist in Abb. 34 maßstäblich $1:5$ der Natur durchgeführt. Als Wandstärke des gußeisernen Rades ist normal 10 mm mit einer Verstärkung am Kranze, als Schaufelstärke $s = 4$ mm, in der Mitte auf 8 mm ansteigend, gewählt worden. Die Schaufelzahl ist mit 10 angenommen. Die Schaufeln haben zusammengesetzte Kreisbogenform nach der früher an Hand der Abb. 20 beschriebenen Konstruktion, und zwar trotz etwas schrägstehender Eintrittskante gleiche Form über die ganze Breite, was hier zulässig ist. Die Verjüngung des Rades vom Schaufeleintritt b_1 zum Austritt b_2 erfolgt in Form eines flachen Kreisbogens. Die Nabe ist mit dem mittleren Steg ziemlich hoch hinaufgeführt, damit der Zusammenhang des äußeren Kranzes mit der Nabe durch die zehn Schaufeln ausreichend ist.

Beispiel B. Berechnung einer vielstufigen Hochdruckkreiselpumpe.

In einem großen Dampfkraftwerk sollen zur Kesselspeisung verschiedene Hochdruckkreiselpumpen aufgestellt werden. Die **Kesselspannung** betrage **12 at.** Die **Lieferungsmenge** jeder Pumpe ist auf $Q = 1500\ \text{l/min}$ bemessen, entsprechend einer Heizfläche von etwa 1800 m². Der Antrieb der Pumpe soll durch einen Drehstrommotor erfolgen, der bei 50 Perioden/sek $n = 1450/\text{min}$ hat.

a) Leistungsbedarf des Motors. Rechnet man mit $\eta_h = 0{,}83$ und $\eta_m = 0{,}9$ sowie der Kesselspannung von 12 at entsprechend, zur Sicherheit mit einer manometrischen Förderhöhe $H_{(\text{man})} \sim 130$ m, so wird ein Motor erforderlich von:

$$N = \frac{1500 \cdot 130}{60 \cdot 75} \cdot \frac{1}{0{,}83 \cdot 0{,}9}\,,$$

$$N = 58\ \text{PS.}$$

b) Laufraddurchmesser D_0, D_1, D_2. Bei einseitigem Einlauf, bei Annahme von $c_0 = 2{,}5$ m/sek und einem Zuschlag von 3% für das Spaltwasser erhält man die Gleichung:

$$1{,}03 \cdot Q\ \text{m}^3/\text{sek} = \left(\frac{D_0^2 \cdot \pi}{4} - \frac{D_n^2 \cdot \pi}{4} \right) \cdot 2{,}5\,.$$

Hierin ist D_n der Nabendurchmesser, welcher zunächst bestimmt werden soll aus einer überschläglichen Berechnung der Welle. Rechnet man auf Verdrehung mit $k_d = 200$ kg/cm², so wird:

$$\frac{d^3 \cdot \pi}{16} \cdot k_d = 71\,620 \cdot \frac{N}{n}\,,$$

$$d = \sqrt[3]{\frac{5 \cdot 71\,620 \cdot 58}{1450 \cdot 200}} = \sqrt[3]{84} = 4{,}37\ \text{cm.}$$

Vorläufig soll demnach angenommen werden $d = 45\,\varnothing$ und die Nabe mit $D_n = 65\,\varnothing$. Es ergibt sich nun:

$$\frac{D_0^2 \cdot \pi}{4} = \frac{1,03 \cdot 1,5}{60 \cdot 2,5} + \frac{0,065^2 \cdot \pi}{4} = 0,0135\,\mathrm{m^2} = 135\,\mathrm{cm^2}.$$

Hiernach: $\boldsymbol{D_0 = 130\,\mathrm{mm}}$.

Ferner sei gewählt: $\boldsymbol{D_1 = 130\,\mathrm{mm}}$.

Der Außendurchmesser kann vorläufig mit $D_2 = 260$ angenommen werden, jedoch ergibt sich das endgültige Maß erst wie folgt:

c) Geschwindigkeiten am Laufradaustritt, H_1 pro Stufe und Stufenzahl. Nach der Hauptgleichung ist:

$$H_{(\mathrm{man})} = \eta_h \frac{k \cdot u_2 \cdot c_{u_2}}{g}. \qquad \text{Bekannt ist } \eta_h = 0,83.$$

Nach Tabelle S. 13 kann angenommen werden $k \sim 0,77$. Gewählt werde vorläufig: $\sphericalangle\,\beta_2 = 30^0$ und $\sphericalangle\,\alpha_2 = 10^0$. Bei $D_2 = 260\,\varnothing$ erhält man ferner:

$$u_2 = \frac{0,26 \cdot \pi \cdot 1450}{60} = 19,7\ \mathrm{m/sek}.$$

Zeichnet man hiernach das Geschwindigkeitsdreieck Abb. 35 maßstäblich auf, so erhält man daraus:

$$c_{u_2} = 14,8.$$

Für eine Stufe ergibt sich somit eine Förderhöhe:

$$H_{1(\mathrm{man})} = 0,83 \cdot \frac{0,77 \cdot 19,7 \cdot 14,8}{9,81} = 19\,\mathrm{m}.$$

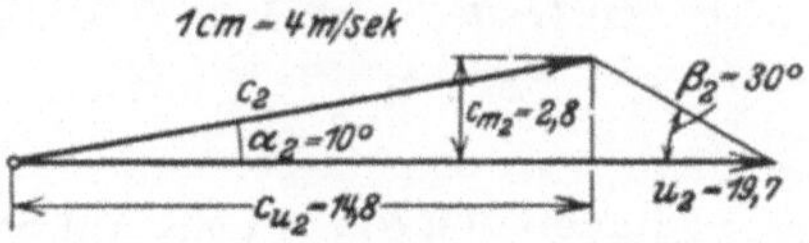

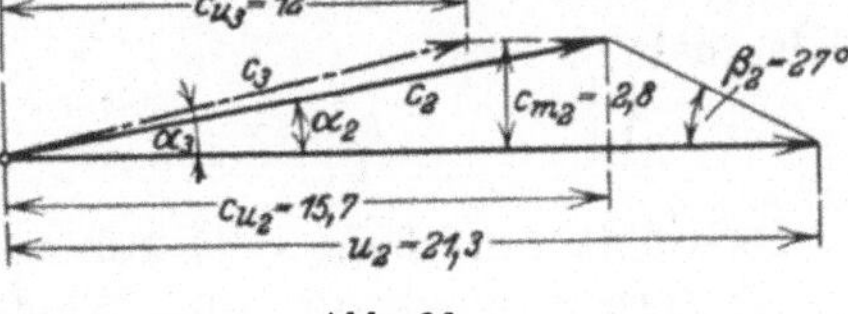

Abb. 35.

Um die gesamte Höhe von 130 m zu erhalten, wären also $130 : 19 = 6,75$ Stufen nötig. Gewählt sollen werden: 6 Stufen mit je $H_{1\,(\mathrm{man})} = 130 : 6 = 21,7$ m.

Also muß werden:

$$u_2 \cdot c_{u_2} = \frac{21,7 \cdot 9,81}{0,83 \cdot 0,77} = 334,$$

was durch Ändern des Dreiecks Abb. 35 erreicht werden muß. Am besten geschieht dies durch Vergrößern von u_2, damit nicht β_2 vergrößert zu werden braucht. Gewählt werde daher: $D_2 = 280\,\varnothing$, woraus sich nunmehr ergibt:

$$u_2 = \frac{0,28 \cdot \pi \cdot 1450}{60} = 21,3\ \mathrm{m/sek}.$$

Ferner wird jetzt $c_{u_2} = 334 : 21,3 = 15,7$. Behält man schließlich die Dreieckshöhe der Abb. 35 bei mit der sog. Meridiankomponente $c_{m_2} = 2,8$, so erhält man das neue Dreieck Abb. 36 und ermittelt daraus endgültig:

Abb. 36.

$$\sphericalangle\,\beta_2 = 27^0,$$

was gut ausführbar ist. Es kann nun auch endgültig festgelegt werden:

$$D_2 = 280 \; \varnothing.$$

d) Leitschaufel. Nach den Ausführungen im Abschn. 6 verschiebt sich das Geschwindigkeitsdreieck (Abb. 36), so daß für die Leitschaufel gesetzt werden muß:

$$c_{u_3} \sim k \cdot c_{u_2}.$$

Für unser Beispiel wird somit:

$$c_{u_3} \sim 0{,}77 \cdot 15{,}7 \sim 12 \, \text{m/sek}.$$

Also ergibt sich auch nach Abb. 36:

$$\text{tg} \, \alpha_3 = c_{m_2} : c_{u_3} = 2{,}8 : 12 = 0{,}234$$

und hieraus:

$$\sphericalangle \, \alpha_3 \sim 13^0$$

als Winkel für die Leitschaufel.

Werden 8 Schaufeln gewählt, so ergibt sich eine Teilung:

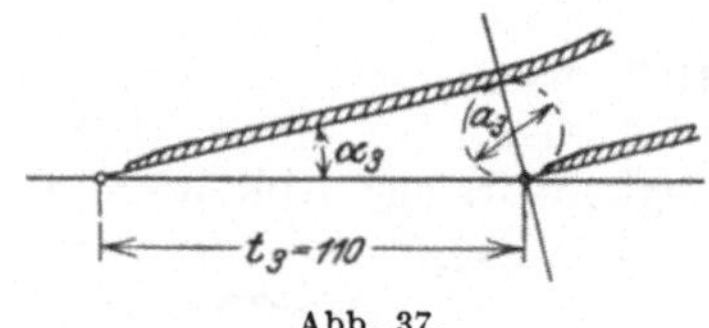

Abb. 37.

$$t_3 = \frac{280 \cdot \pi}{8} = 110 \, \text{mm}$$

und hieraus schließlich, gemäß Abb. 37, Schaufelweite:

$$a_3 = t_3 \cdot \sin \alpha_3 = 110 \cdot 0{,}225$$

$$a_3 = 25 \, \text{mm}.$$

e) Radbreiten b_1, b_2, b_3. Am Schaufeleintritt besteht nach Abschn. 7, bei Berücksichtigung des Spaltwassers mit 3% und der Verengung durch die Schaufelspitzen mit 10%, die Gleichung:

$$1{,}03 \, Q \, \text{m}^3/\text{sek} = 0{,}9 \cdot (D_1 \; \pi \cdot b_1) \cdot c_1.$$

Gewählt werde $c_1 = c_{m_2} = 2{,}8$ m/sek, also wird:

$$b_1 = \frac{1{,}03 \cdot 1{,}5}{60 \cdot 0{,}13 \cdot \pi \cdot 0{,}9 \cdot 2{,}8} = 0{,}025 \, \text{m}.$$

$$b_1 = 25 \, \text{mm}.$$

Am Schaufelaustritt wird entsprechend, bei Annahme, daß dort die Verengung durch die zugeschärften dünnen Schaufeln vernachlässigt werden kann:

$$1{,}03 \, Q \, \text{m}^3/\text{sek} = (D_2 \cdot \pi \cdot b_2) \cdot c_{m_2}.$$

Hieraus:

$$b_2 = \frac{1{,}03 \cdot 1{,}5}{60 \cdot 0{,}28 \cdot \pi \cdot 2{,}8} = 0{,}0105 \, \text{m}.$$

Gewählt werde: $b_2 = 11$ **mm** und $b_3 = 13$ **mm**.

f) Geschwindigkeiten und Winkel am Eintritt. Gegeben ist:

$$c_1 = 2{,}8 \, \text{m/sek}$$

und

$$u_1 = u_2 \cdot \frac{D_1}{D_2} = 21{,}3 \, \frac{130}{280} = 9{,}9 \, \text{m/sek}.$$

Da $c_1 \perp u_1$, ergibt sich graphisch aus dem Geschwindigkeitsdreieck Abb. 38 oder auch rechnerisch aus $\operatorname{tg}\beta_1 = c_1 : u_1$ der Schaufelwinkel:

$$\beta_1 \cong 16^0.$$

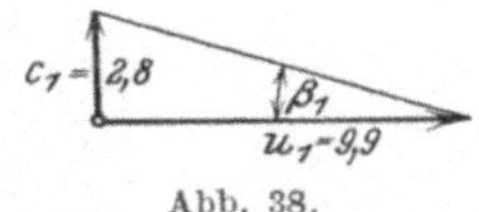

Abb. 38.

g) Welle. Unter b) war bereits die Welle überschläglich auf Verdrehung berechnet mit $d = 45\,\varnothing$. Es soll nun noch nachgeprüft werden, ob die Umlaufszahl $n = 1450/\text{min}$ genügend weit unter der „kritischen Drehzahl" liegt. Entsprechend ähnlichen Ausführungen von sechsstufigen Pumpen sei nun die Lagerentfernung zu $l = 1000$ mm geschätzt, vgl. Abb. 39, das Gewicht der Welle zu rund 15 kg und das eines Laufrades zu etwa 6 kg angenommen, so daß das Gesamtgewicht der umlaufenden Teile etwa $G = 51$ **kg** beträgt.

In der Gleichung für die kritische Drehzahl $n_k = \sqrt{\dfrac{P}{G}} \cdot 300$ ist nun noch P zu bestimmen, welches eine Durchbiegung der Welle um **1 cm** hervorrufen würde. Nimmt man gleichmäßig verteilte Belastung über die Länge l an, was nach Abb. 39 wohl berechtigt sein dürfte, so ist bekanntlich:

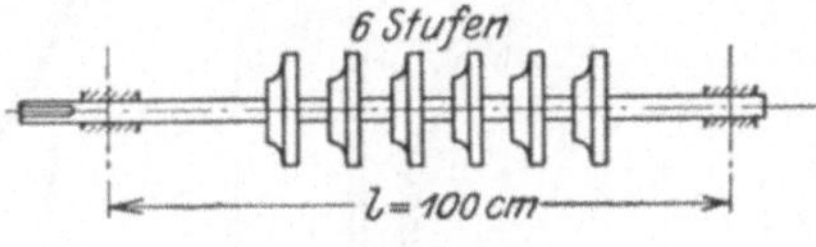

Abb. 39.

$$f = \frac{P}{E \cdot J} \cdot \frac{5\,l^3}{384}.$$

Hierin ist einzusetzen $f = 1,0$ cm, $l = 100$ cm, $E = 2\,200\,000$ (Stahl) und $J = \dfrac{\pi \cdot d^4}{64} = \dfrac{\pi \cdot 4,5^4}{64} = 20,1$ cm^4 als Trägheitsmoment der Welle. Man erhält:

$$P = \frac{2\,200\,000 \cdot 20,1 \cdot 384}{5 \cdot 100^3} = 3400 \text{ kg}.$$

Demnach wird:

$$n_k = 300 \cdot \sqrt{\frac{3400}{51}} = 300 \cdot \sqrt{67} = \mathbf{2450\ min}.$$

Da die Umlaufszahl der Pumpe mit $n = 1450$ angesetzt ist, liegt also n_k weit über n wie verlangt war. Die Welle kann also, **sorgfältige Auswuchtung vorausgesetzt**, ausgeführt werden:

$$d = 45\,\varnothing,$$

wie schon überschläglich berechnet war.

h) Entwurf des Läuf- und des Leitrades. Der Entwurf ist in Abb. 40 im Maßstab 1 : 5 durchgeführt. Beide Räder sollen in Bronze hergestellt werden. Die normalen Wandstärken betragen 4 mm, die Schaufelstärken $s = 3$ mm. Die Laufradschaufeln haben Kreisbogenform der in Abschn. 5 angegebenen Konstruktion. Die Leitschaufeln sind nach Abschn. 6 ausgeführt, und zwar mit Rücksicht auf den anschließenden Überströmkanal zum nächsten Laufrad. Die Verjüngung des Laufrades von der Eintrittsbreite b_1 zur Breite b_2 erfolgt in Form eines flachen Kreisbogens. Das Leitrad ist in ähnlicher Weise nach außen schwach erweitert, und zwar so, wie es der Überströmkanal erfordert, was aus den späteren Konstruktionsbeispielen im Abschn. 12 ersichtlich wird.

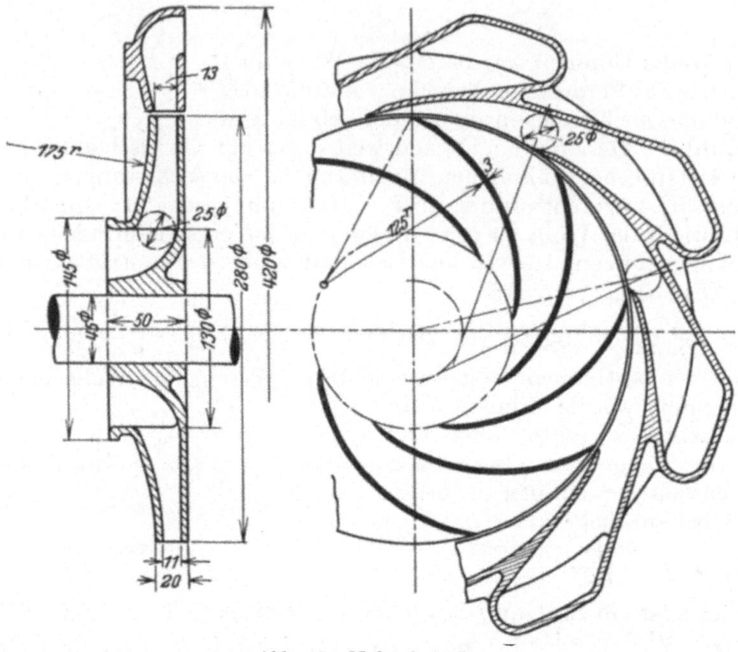

Abb. 40. Maßstab 1 : 5.

Beispiel C. Berechnung einer Schraubenpumpe.

Zu Entwässerungszwecken soll eine Pumpe aufgestellt werden, welche $Q = 10\ \mathrm{m^3/min}$ auf eine manometrische Höhe von etwa $H_{(man)} = 5\ \mathrm{m}$ fördert. Sie soll durch einen normalen Drehstrommotor angetrieben werden, der eine Umlaufszahl $n = 965/\mathrm{min}$ hat. Hierfür kommt nur eine Schraubenpumpe in Frage. Das Saugrohr soll 300 ∅ haben, entsprechend einer Wassergeschwindigkeit von etwa 2,5 m/sek.

a) **Leistungsbedarf des Motors.** Rechnet man mit $\eta_h = 0,85$, was hier etwa zutrifft, und $\eta_m = 0,9$, so ergibt sich:

$$N = \frac{10000 \cdot 5}{60 \cdot 75} \cdot \frac{1}{0.75 \cdot 0,9} = 16,5\ \mathbf{PS}.$$

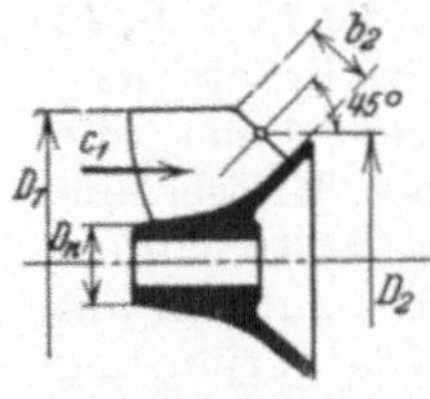

b) **Laufrad D_1, D_n.** Gewählt werde eine Bauart gemäß der schematischen Abb. 41 mit 3 freistehenden Schaufeln und Wasseraustritt unter 45°. (Vgl. später Abschn. 10.) Es soll angenommen werden:

Abb. 41.

$$D_1 = D_0 = 300\ \varnothing.$$

Der Spaltverlust sei mit 5%, die Verengung durch die Schaufeln ebenfalls mit 5% berücksichtigt, also besteht die Gleichung:

$$1,05\, Q\ \mathrm{m^3/sek} = \left(\frac{D_1^2 \cdot \pi}{4} - \frac{D_n^2 \cdot \pi}{4}\right) \cdot 0,95 \cdot c_1\,.$$

Um den Nabendurchmesser D_n zu erhalten, ist erst die Welle zu berechnen. Als normale Transmissionswelle ergibt sich:

$$d = \sqrt[3]{3000\,\frac{N}{n}} = \sqrt[3]{3000\,\frac{16,5}{965}} = \sqrt[3]{52} = 3,5\ \mathrm{cm}.$$

Wegen des Freihängens des Laufrades soll zur Sicherheit jedoch ausgeführt werden:

$$\boldsymbol{d = 45\ \varnothing}\,,$$

so daß die Nabe erhalten kann:

$$\boldsymbol{D_n = 75\ \varnothing}\,.$$

Somit wird:

$$\frac{1,05 \cdot 10}{60} = \left(\frac{0,3^2 \cdot \pi}{4} - \frac{0,075^2 \cdot \pi}{4}\right) \cdot 0,95 \cdot c_1\,.$$

Hieraus:

$$c_1 = 2,8\ \mathrm{m/sek}\,.$$

c) Austritt D_2, b_2. Am Austritt gilt unter den gleichen Berücksichtigungen wie vorher:

$$1,05 \cdot Q\ \mathrm{m^3/sek} = 0,95 \cdot (D_2 \cdot \pi \cdot b_2) \cdot c_{m_2}\,.$$

Am besten wählt man nun die Austrittsbreite b_2, und zwar zu $0,2$ bis $0,25 \cdot D_1$, was gute Abmessungen gibt. Hier sei daher gesetzt:

$$\boldsymbol{b_2 = 70\ \mathrm{mm}}\,.$$

Nach Abb. 41 wird dann bei dem Austrittswinkel 45^0 der mittlere Durchmesser:

$$\boldsymbol{D_2 = D_1 - 2\,\frac{b_2}{2} \cdot \sin 45^0 = 300 - 70 \cdot 0,707 = 250\ \varnothing}\,.$$

In die obere Gleichung eingesetzt wird:

$$\frac{1,05 \cdot 10}{60} = 0,95 \cdot 0,25 \cdot 3,14 \cdot 0,07 \cdot c_{m_2}$$

und hieraus:

$$c_{m_2} = 3,35\ \mathrm{m/sek}\,.$$

d) Mittlerer Austrittswinkel β_2: Da $n = 965$ gegeben, wird:

$$u_2 = \frac{D_2 \cdot \pi \cdot n}{60} = \frac{0,25 \cdot 3,14 \cdot 965}{60} = 12,6\ \mathrm{m/sek}\,.$$

Es ist nun: $H_{(\mathrm{man})} = \eta_h \cdot \dfrac{k \cdot u_2 \cdot c_{u_2}}{g}$, worin $\eta_h = 0,85$ angenommen war. Für den Wert der Berichtigungsziffer k ist man, da hierüber Versuche noch nicht vorliegen, auf Schätzungen angewiesen. Wahrscheinlich werden ähnliche Werte gelten, wie sie für gewöhnliche Kreiselräder aufgestellt wurden. Es sei daher nach Tabelle S. 13 angenommen $k \sim 0,65$. Somit ergibt sich:

$$5 = 0,85 \cdot 0,65 \cdot \frac{12,6 \cdot c_{u_2}}{9,81}$$

und hieraus:

$$c_{u_2} = 7 \text{ m/sek}.$$

Beim graphischen Auftragen dieser Werte nach Abb. 42 erhält man

$$\measuredangle\, \beta_2 = 32^0 \quad \text{und} \quad \measuredangle\, \alpha_2 = 25^0,$$

was natürlich gut ausführbar ist[1].

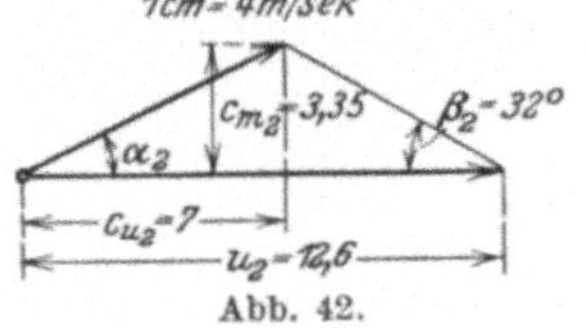

Abb. 42.

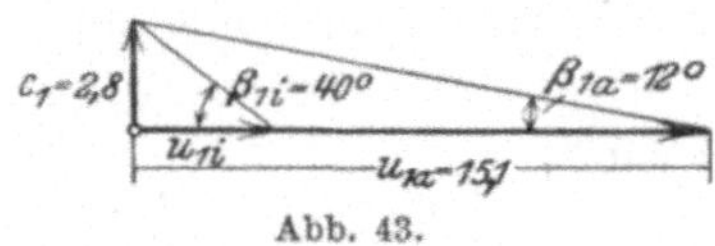

Abb. 43.

e) Eintrittswinkel β_1. Da die Umfangsgeschwindigkeiten außen und innen verschieden sind, so erhält man auch verschiedene $\measuredangle\, \beta_1$. An der Nabe ist:

$$u_{1i} = u_2 \cdot \frac{D_n}{D_2} = 12,6 \cdot \frac{75}{250} = 3,8 \text{ m/sek}.$$

Außen ist dagegen:

$$u_{1a} = u_2 \cdot \frac{D_1}{D_2} = 12,6 \cdot \frac{300}{250} = 15,1 \text{ m/sek}.$$

Unter b) war ermittelt $c_1 = 2,8$ m/sek und dies kann überall gleich angenommen werden. Man erhält die Dreiecke, Abb. 43, und ermittelt hieraus:

$$\measuredangle\, \beta_{1i} = 40^0 \quad \text{und} \quad \measuredangle\, \beta_{1a} = 12^0.$$

Für beliebige andere Punkte, die man zum Aufzeichnen der Schaufel annimmt, müssen die entsprechenden Zwischenwerte von β_1 bestimmt werden.

f) Entwurf des Rades. Das Rad ist in Abb. 44 im Maßstab 1 : 5 entworfen. Es soll aus Bronze bestehen, wobei die 3 Schaufeln gleich mitgegossen werden. Daher müssen Kerne eingelegt werden, deren Formen durch genaues Aufzeichnen mit Schichtlinien und Modellschnitten bestimmt werden müssen. Hierauf einzugehen liegt aber außer dem Rahmen dieses Buches. Die Schaufeln beginnen als Schraubenflächen und gehen dann möglichst gleichförmig zum Austritt über, der ja unterm $\measuredangle\, \beta_2$ erfolgt. Auch hier ergeben sich, da die Austritts-

---

[1] Dadurch, daß in der Aufgabe sowohl H wie auch Q und n gegeben sind, herrscht eine starke Bindung und es ist nicht gesagt, daß die Aufgabe ohne weiteres lösbar ist. Man würde z. B. beim gleichen Laufrad und $n = 965$ nur in den Grenzen von etwa $\beta_2 = 18^0$ bis 45^0 wählen können, wobei sich H zwischen 2 und 6,5 m bewegt. Kleinere H wären mit dieser Pumpe überhaupt nicht zu erreichen. Größere nur durch Vergrößerung des Rades.

kante etwas schräg liegt, genau genommen verschiedene Winkelgrößen
außen und innen. Die richtige Schaufelform erscheint bei Abb. 44
rechts im Seitenriß, während man im Aufriß, links, sämtliche Schaufel-
punkte in eine Bildebene projiziert, um überhaupt das Aufzeichnen
zu ermöglichen. Die später bei der Herstellung sich ergebende richtige

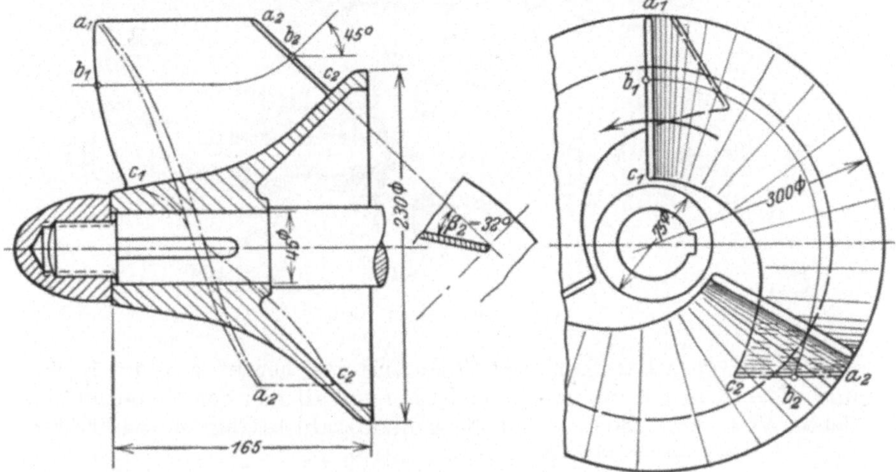

Abb. 44. Maßstab 1 : 5.

Form ist hier strichpunktiert eingezeichnet. Fertige Räder mit Schaufeln zeigen dann die späteren Abb. 52 und 55. **Die richtige Formgebung beruht auf Erfahrung** und nur der Versuch kann zeigen,
ob die gewählte Form zweckmäßig ist und einen guten Wirkungsgrad ergibt.

III. Bau der Kreiselpumpen und ihrer Einzelteile.

Bei der Einteilung im Abschnitt 3 wurden die Kreiselpumpen in
der Hauptsache unterschieden in Niederdruck-, Mitteldruck- und Hochdruckpumpen. Da bei den konstruktiven Ausführungen diese Unterschiede sich verwischen, insofern als z. B. eine einstufige Pumpe gewöhnlicher Bauart für kleinste Förderhöhe, bei sehr großer Umlaufszahl aber auch als Hochdruck-Kreiselpumpe Verwendung finden kann
(Kesselspeisung, vgl. Abschnitt 21), so soll bei Besprechung der Kon-
struktionen lediglich nach der Bauart unterschieden werden zwischen
gewöhnlichen Kreiselpumpen ohne Leitrad, Schrauben- und Propellerpumpen, einstufigen Leitradpumpen, mehrstufigen Turbinenpumpen,
Brunnen- und Abteufpumpen.

9. Gewöhnliche Kreiselpumpen ohne Leitrad.

Die Ausführung erfolgt je nach der zu fördernden Wassermenge
oder nach der gewünschten Aufstellung mit einseitigem oder doppel-

seitigem Einlauf. Anwendung finden die gewöhnlichen Kreiselpumpen in der Regel bei geringen Förderhöhen.

Die Abb. 45 zeigt eine Niederdruckpumpe mit einseitigem Einlauf der „Vereinigung Deutscher Pumpenfabriken, Borsig-Hall", Berlin,

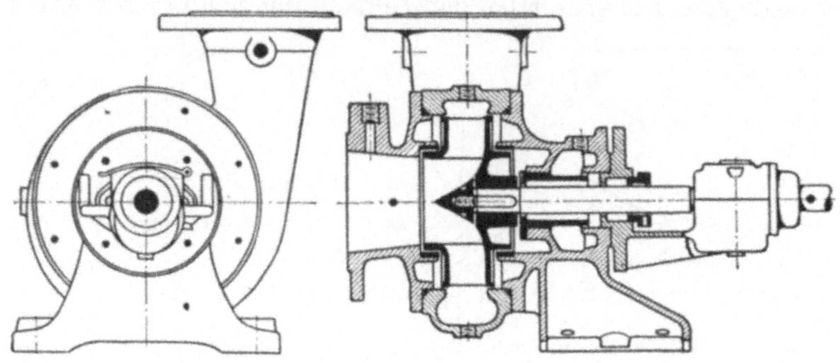

Abb. 45. Borsig-Hall, Berlin.

welche für $Q = 100$ l/min und $H = 3$ m* bis herauf auf 4,5 m³/min und $H = 27$ m gebaut wird. Im letzteren Fall hat das Saugrohr eine lichte Weite von 150 mm und die Umlaufszahl beträgt $n = 1700$/min.

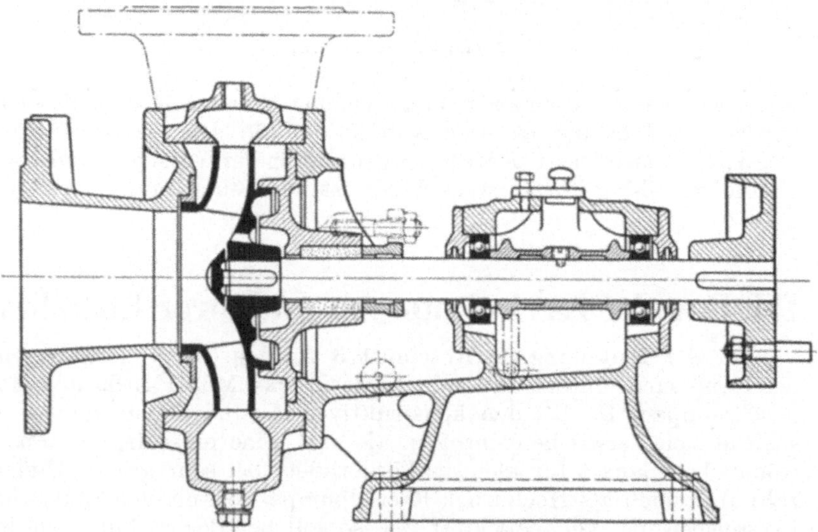

Abb. 46. Borsig-Hall, Berlin.   (Abt. Geue.)

Der Eintritt des Wassers erfolgt wagerecht durch den Gehäusedeckel. Der Druckstutzen sitzt an dem spiralförmigen Mittelgehäuse, in welchem die Umsetzung der Geschwindigkeit in Druck erfolgt. Der infolge des

---

* In den, dem praktischen Teil gewidmeten Abschnitten 9 bis 22 ist unter H stets die manometrische Förderhöhe verstanden, da es in der Praxis üblich ist, alle Angaben hierauf zu beziehen. Das bisher gebrauchte Beizeichen (man) ist also künftig wegzulassen, da keine Verwechslungen mehr möglich sind.

einseitigen Wassereintritts mögliche axiale Schub wird durch Bohrungen im Laufrade (vgl. Abb. 46) und Schleifrand auf der Laufradaußenseite beseitigt. Bei größeren Pumpen tritt hierzu noch eine besondere Leitung, welche den Raum vor dem Schaufelrade mit dem hinter ihm in Verbindung setzt. Die Abdichtung des Saugraumes gegen den Druckraum erfolgt durch auswechselbare bronzene Dichtungsringe. Das freifliegend auf der Welle angeordnete Laufrad ist zweimal gelagert, und zwar innerhalb der Pumpe in Pockholz- oder Weißmetallschalen dicht hinter dem Laufrad und außerhalb der Pumpe in einem Ringschmierlager. Das innere Lager erhält durch ein besonderes Umführungsrohr Schmierung durch Druckwasser, welches gleichzeitig verhindert, daß durch die Stopfbuchse Luft eingesaugt wird.

Eine ähnliche Pumpe der gleichen Fabriken (Abteilung Geue) stellt Abb. 46 dar. Auch hier erfolgt der Wassereintritt axial und das Laufrad sitzt fliegend auf der Welle. Zum Unterschiede von der vorhergehenden Ausführung läuft die Welle aber in zwei Kugellagern, welche in einem gemeinsamen großen Lagergehäuse sitzen. Es ist also das innere Lager weggefallen und die Welle hat eine große freitragende Länge erhalten, so daß sie stärker als vorher auszuführen ist. Das Gehäuse bildet ein Gußstück mit dem Lagerbock der Pumpe. Ausgleich des Axialschubes und Abdichtung des Laufrades erfolgen ähnlich wie vorher.

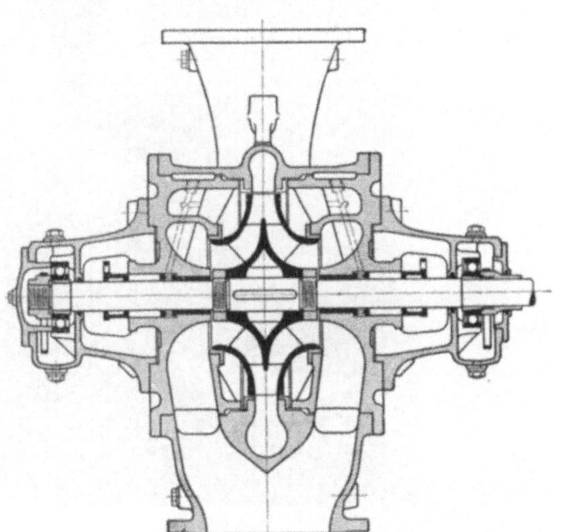

Abb. 47. Weise Söhne, Halle a. S.

Größere Pumpen, über 250 mm Rohrweite, erhalten meist ein weiteres Führungslager im Saugstutzen, also eine bis dahin durchgehende Welle.

Bei größeren Wassermengen ist der doppelseitige Einlauf vorzuziehen, weil dann der Raddurchmesser kleiner ausfällt, der Axialdruck vollkommen beseitigt ist und eine Lagerung in zwei normalen zugänglichen Lagern möglich wird. Allerdings hat man den Nachteil, daß die Welle in der Regel durch zwei Saugstopfbuchsen abzudichten ist und das Gehäuse seine einfache Form verliert. Abb. 47 stellt eine solche Pumpe der Firma Weise Söhne, Halle, dar für $Q = 2\ \mathrm{m^3/min}$ und $H = 6\ \mathrm{m}$ bei $n = 600/\mathrm{min}$ bis zu $Q = 35\ \mathrm{m^3/min}$ und $H = 30\ \mathrm{m}$ bei $n = 750$. Die Pumpe ist vollkommen symmetrisch gebaut. Das Wasser tritt durch den Saugstutzen unten ein, teilt sich und strömt durch ringförmige Hohlräume in das Laufrad. Das Druckgehäuse ist auch hier spiralförmig. Zum Aus- und Einbringen des Laufrades sind beiderseits tief eindringende Deckel angebracht, welche auch die genannten Hohlräume besitzen. An die Deckel sind die Lager angeschraubt, und zwar hier Kugellager normaler Bauart mit Klemmhülse. Das Laufrad ist an beiden Einlaufseiten durch Schleifränder aus Bronze gut gedichtet. Die beiden Stopfbuchsen haben Druckwasserverschluß, um Eintritt von Saugluft zu verhindern.

Die Abb. 48 zeigt eine ähnliche Pumpe der Maffei-Schwartzkopff-Werke, Berlin. Auch hier sind spiralförmige Druckgehäuse und tief eingreifende Deckel mit den Hohlräumen zur Wasserführung vorhanden, woran konsolartig die Lager angesetzt sind, und zwar Ringschmierlager. Die Abbildung läßt erkennen, daß der Saugstutzen wage-

Abb. 48. Maffei-Schwarzkopff-Werke.

recht liegt und in welcher Form dieser Stutzen das spiralförmige Gehäuse umgreift. Deutlich ist auch der kräftige, breite Fuß zur Lagerung der Pumpe zu sehen.

Die vorgenannten Pumpen werden mitunter bis zu außerordentlicher Größe gebaut. So zeigt z. B. Abb. 49 eine Kreiselpumpe mit doppelseitigem Einlauf für $Q = 240$ m³/min für eine Entwässerungsanlage, welche von R. Wolf, Magdeburg-Buckau ausgeführt wurde. Es sind hier zwei Saugrohre von je 1000 mm Durchmesser und ein Druckrohr von 1200 mm l. W. vorhanden. Wegen der großen Abmessungen und Gewichte sind alle Gehäuse usw. mehrteilig ausgeführt.

Neuerdings werden aber solche große Pumpen, Abb. 49, nur noch selten ausgeführt, da man sie möglichst durch die kleineren und wirtschaftlich vorteilhafteren Schrauben- und Propellerpumpen ersetzt (vgl. Abschnitt 10).

Was die Ausbildung der spiralförmigen Druckgehäuse oder „Diffusoren" anbelangt, in welchen ja die Umsetzung der Geschwindigkeit in Druck erfolgen muß, so ist darauf zu achten, daß eine all-

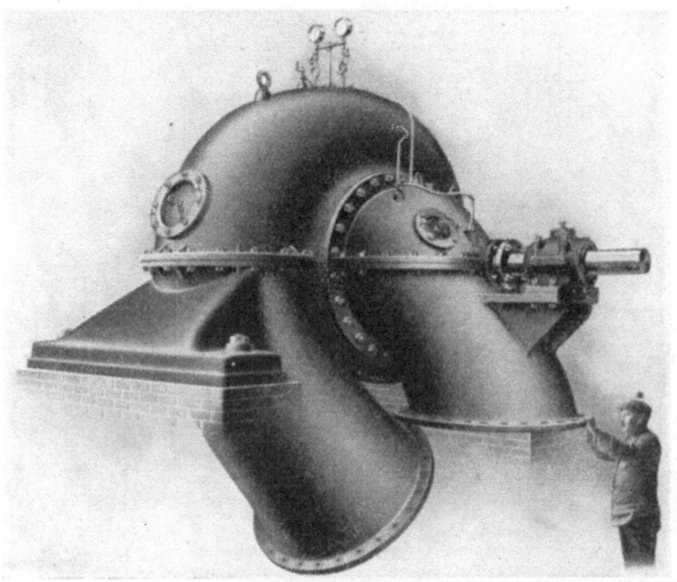

Abb. 49. R. Wolf, Magdeburg-Buckau.

mähliche und stetige Querschnittserweiterung stattfindet. In der Regel führt man daher diese Gehäuse, Abb. 50, wie folgt aus:

Man bestimmt zuerst den Durchmesser D_d des Druckrohres, und zwar so, daß die Geschwindigkeit dort $c_d = 2$—4 m/sek beträgt. Es schließt sich dann ein kegelförmiger Übergang an, wodurch eine allmähliche Erhöhung der Geschwindigkeit entsteht. Mit dieser Steigerung kann man bis auf den Wert der absoluten Austrittsgeschwindigkeit c_2 gehen, weil ja im kegelförmigen Rohr noch Umsetzung in Druck stattfindet. Ist hiermit der größte Querschnitt des Gehäuses bei a festgelegt, so ergibt sich die weitere Formgebung am einfachsten derart, daß entsprechend der abnehmenden Wassermenge bei b etwa drei Viertel, bei c die Hälfte,

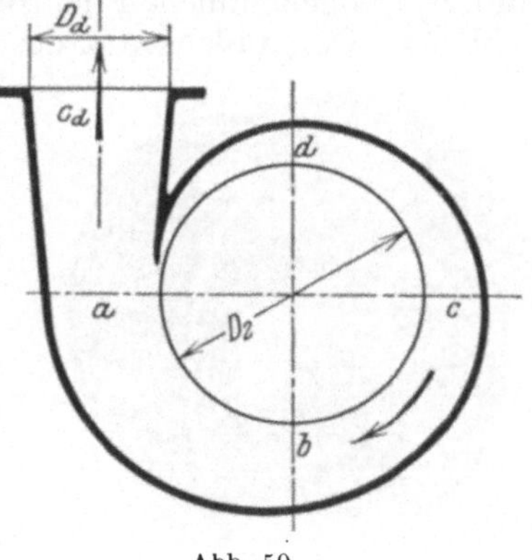

Abb. 50.

bei d nur noch ein Viertel des vollen Querschnitts vorhanden ist. Die Querschnittsformen sind verschieden, wie z. B. die Abb. 45 u. 47 zeigen. Vorgezogen werden die Kreisform oder das Rechteck mit stark gerundeten Ecken.

10. Schrauben- und Propeller-Pumpen.

In dem Bestreben, große Wassermengen auf kleine Förderhöhen mit möglichst großen Umlaufszahlen zu heben, ist man über das

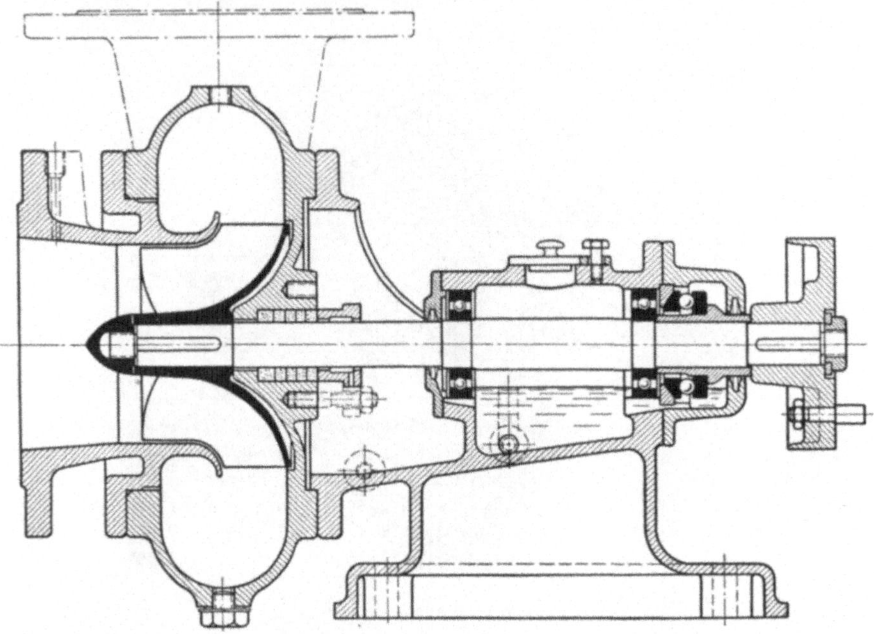

Abb. 51. Borsig-Hall, Berlin (Abt. Geue).

gedrungene Laufrad (Francisrad), Abb. 23, zu der Form des Schraubenrades gekommen. Eine solche Pumpe von Borsig-Hall zeigt die Abb. 51. Der Außenkranz des Laufrades ist gänzlich weggefallen, und die Schaufeln halten sich, wie aus Abb. 51 und 52 zu ersehen ist, nur an der langen Nabe und dem Innenkranz. Die Schaufeln sind weit in den axialen Strömungsraum vorgezogen und beginnen dort schraubenförmig. An diese Form schließt sich eine doppelte Krümmung an bis zur Austrittskante. Die Pumpe wird von der Firma in verschiedenen Größen für 150 bis 400 mm Rohrweite gebaut und es werden recht günstige Wirkungsgrade damit erzielt. Bei einer Ausführung mit 300 mm Rohrdurchmesser hat sich z. B. eine Wassermenge $Q = 10$ m³/min und

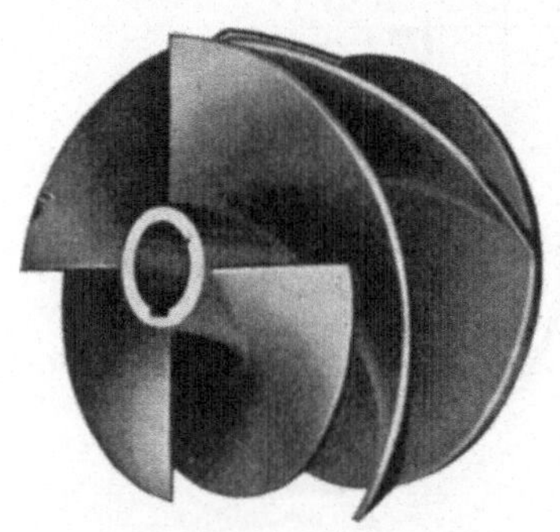

Abb. 52. Schraubenrad Geue.

eine Höhe $H = 8,5$ m bei einer Umlaufszahl $n = 965$/min ergeben und es betrug hierbei der Wirkungsgrad $\eta = 0,83$, was bei gewöhnlichen Niederdruckpumpen sonst nicht entfernt erreicht wird. Selbst bei einer

Drosselregelung von 8 auf 13 m³ bei gleichbleibender Umlaufszahl erhielt sich der Wirkungsgrad auf über 80%. Der Aufbau der Pumpe ist im übrigen ganz ähnlich der früher besprochenen Kreiselpumpe

Abb. 53. Weise Söhne, Halle.

Abb. 46. Der Unterschied liegt nur darin, daß der Axialschub nicht am Laufrad, sondern durch ein kräftiges Kugelspurlager rechts vom Lagergehäuse abgefangen wird und, daß das Wasser nicht in ein enges Spiralgehäuse, sondern in ein geräumiges Sammelgehäuse tritt.

Eine ähnliche Bauart zeigt die „Myria"-Schraubenpumpe von Weise Söhne, Halle, Abb. 53. Das Gehäuse besitzt im Schnitt fast die gleiche Form wie bei Abb. 51, jedoch ist das Gehäuse auf Füße gestellt und das Lager sitzt ·fliegend an dem Deckel. Das Laufrad hat nur 2—3 Schaufeln, die wieder als Schrauben beginnen und das Wasser dann radial austreten lassen. Die Firma liefert diese Pumpe mit 60 bis 500 mm Stutzenweite, wobei bis zu 30 m³/min bei $n = 960$/min auf

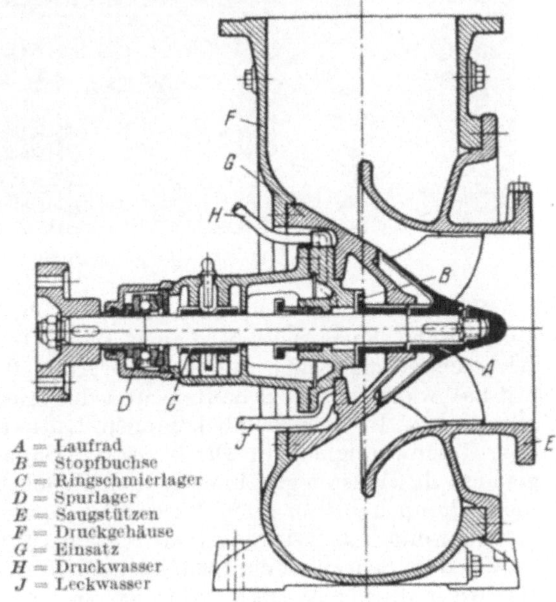

Abb. 54. Klein, Schanzlin & Becker, Frankenthal.

$H = 12$ m gefördert werden. (Bei Doppelpumpen bis 60 m³.) Infolge der geringen Schaufelzahl sind die Pumpen geeignet, auch Wasser mit

starker Verunreinigung und breiige Flüssigkeiten, z. B. Papierstoff,
Rübenschnitzel, zu fördern.

Die Abb. 54 und 55 stellen die Schraubenpumpe von Klein, Schanzlin & Becker, Frankenthal, dar. Auch hier sind nur 2 bis 3 Schaufeln
vorhanden. Zum Unterschied von den vorher betrachteten Bauarten,
tritt das Wasser aber nicht radial, sondern ungefähr unter 45⁰ aus
dem Laufrad aus, wird durch einen kurzen Leitkanal oder Diffusor
umgelenkt und tritt dann erst in das sehr geräumige ringförmige Gehäuse aus. Diese Pumpen haben recht gute Wirkungsgrade bis 85%
ergeben. Sie werden gebaut in den Größen von 125 bis 1000 mm Rohrweite und erreichen im letzteren Fall bis 230 m³/min bei $H = 25\,\mathrm{m}$.

Abb. 55. Schraubenpumpen K.-S.-B.

Während bei den Schraubenpumpen Abb. 51, 53 und 54 das Gehäuse
zylindrische Form besitzt, bauen die „Deutsche Werke A.-G.“,
Kiel, schneckenförmige Gehäuse, wie Abb. 56 und 57 zeigen. Das Laufrad hat wieder nur 3 Schaufeln und der Austritt liegt unter etwa 45⁰
wie vorher. In dem ziemlich langen Leitkanal findet die Umsetzung
von Geschwindigkeit in Druck statt. Danach führt das Schneckengehäuse das Wasser gleichmäßig dem Druckstutzen zu. Gebaut werden
diese Pumpen bis zu 20 m Förderhöhe und in Abmessungen bis 1 m
Stutzenweite. Als Wirkungsgrad wird bis 0,85 erreicht.

Zu den Schraubenpumpen ist auch die Axialpumpe der Maffei-Schwartzkopff-Werke, Abb. 58, zu rechnen, trotzdem das Laufrad im Schnitt sehr dem einer gewöhnlichen Kreiselpumpe ähnelt und
auch noch einen Außenkranz besitzt. Aber es beginnt im axialen Wasserstrom und läßt das Wasser unter 45⁰ austreten. Dadurch, daß ein besonderes Druckgehäuse wegfällt und das Wasser durch Leitrippen-

führung *b* unmittelbar in das Druckrohr übergeleitet wird, entsteht eine sehr gedrängte Bauart. Der Wirkungsgrad ist hier auch über 80%.

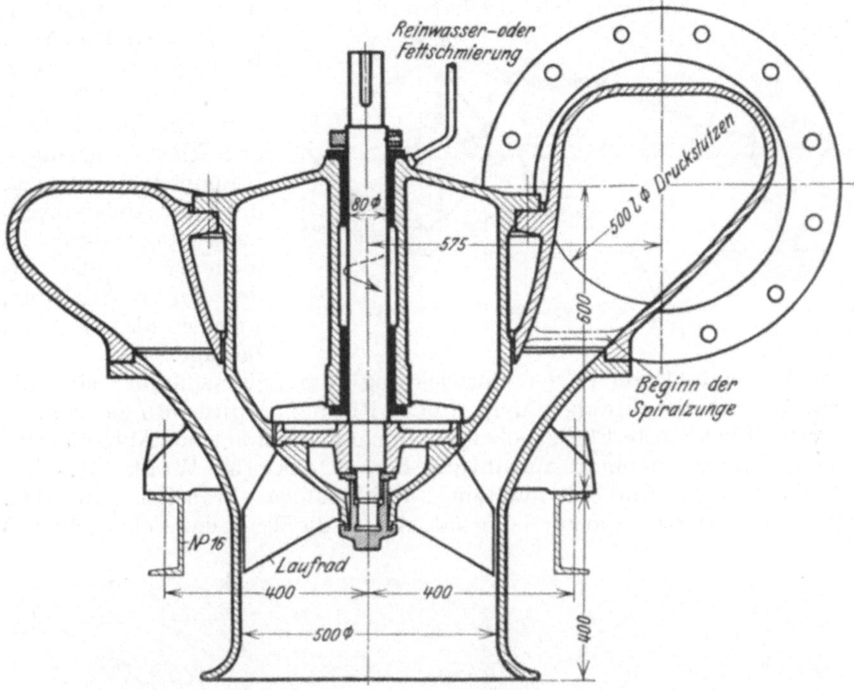

Abb. 56. Deutsche Werke, Kiel.

Abb. 57. Schraubenpumpe D.-W.

Die dargestellte Pumpe fördert 45 m³/min auf etwa 5,5 m Höhe. Die Pumpen werden auch in stehender Ausführung gebaut.

Eine ähnliche Pumpe, gebaut von Borsig-Hall, Berlin (Abt. Geue), zeigt Abb. 59. Sie wird unmittelbar durch einen Dieselmotor angetrieben, der eine Umlaufszahl 485/min hat und fördert hierbei $Q = 54\,\text{m}^3/\text{min}$

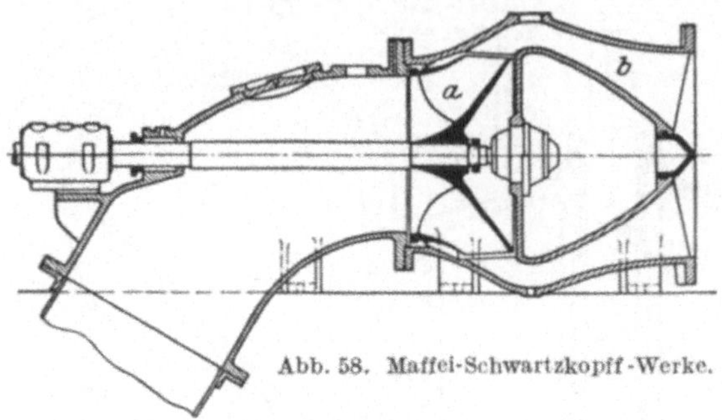

Abb. 58. Maffei-Schwartzkopff-Werke.

auf $H = 6\,\text{m}$ bei einem Wirkungsgrad von 84%. Die Abbildung läßt gut den außerordentlich geringen Raumbedarf erkennen, denn der Außendurchmesser der Pumpe ist nicht viel größer als der der Rohrleitung, welcher hier 700 mm beträgt.

Als letzte Form in der Entwicklung zum „Schnelläufer" sind die rein axialen Schraubenpumpen oder Propellerpumpen zu nennen, welche für kleinste Förderhöhen am vorteilhaftesten sind. Abb. 60 zeigt diese Pumpe in einer Ausführung der „Deutsche Werke A.-G.", Kiel. Das Laufrad ist nun zum dreiflügeligen Propeller geworden, Abb. 61, der eine starke Nabe hat, damit die Teile der Schaufeln mit

Abb. 59.   Axialpumpe Borsig-Hall, Berlin.

kleinen Umfangsgeschwindigkeiten und daher ungünstigen Strömungsverhältnissen wegfallen. Der Leitapparat, Abb. 62, ist nötig, damit das, den Propeller schräg verlassende Wasser im oberen Rohr wieder axiale Strömung erhält. Der Aufbau der Pumpe ist außerordentlich einfach und daher billig. Die Lagerung der Welle erfolgt im Leitapparat durch ein von außen geschmiertes Gleitlager, und oben in einem Kugellager. Ein Stützkugellager dient zur Aufnahme des Achsendruckes des Propellers und des Eigengewichtes. Diese Pumpen werden gebaut für

Förderhöhen bis zu 5 m und in Größen von 200 bis 1500 Rohrdurchmesser. Die Umlaufszahl ist 960 oder 1450, also für den Betrieb mit Drehstrommotoren geeignet. Selbstverständlich kann aber auch eine beliebige kleinere Umlaufszahl gewählt werden. Mit einer Pumpe von 250 mm Rohrweite wird z. B. bei $n = 1450$ eine Wassermenge $Q = 10,5$ m³/min auf $H = 2,5$ m gefördert. Der Wirkungsgrad der Propellerpumpen wird mit $\eta = 0,76$ bis $0,8$ angegeben.

Die Maffei-Schwartzkopff-Werke, Berlin, bauen Propellerpumpen, die im Aufbau ganz ähnlich sind wie die vorher beschriebenen. Das Gehäuse ist ebenfalls ein einfacher Krümmer, an welchem unten der Leitapparat und der Saugstutzen sitzt. Der Propeller hat aber eine noch stärkere Nabe von etwa 0,5 des Saugrohrdurchmessers und die Schaufeln oder Flügel sind hieran einstellbar befestigt. Diese Einstellbarkeit hat sich als sehr zweckmäßig erwiesen, denn je nach Schaufelwinkeln erhält man bei gleicher Umlaufzahl und gleichbleibender geodät. Förderhöhe sehr verschiedene Fördermengen (z. B. $Q = 72$ m³/min bei größtem Winkel und nur 39 m³ bei kleinstem Winkel). Hierbei bleibt η ungefähr konstant.

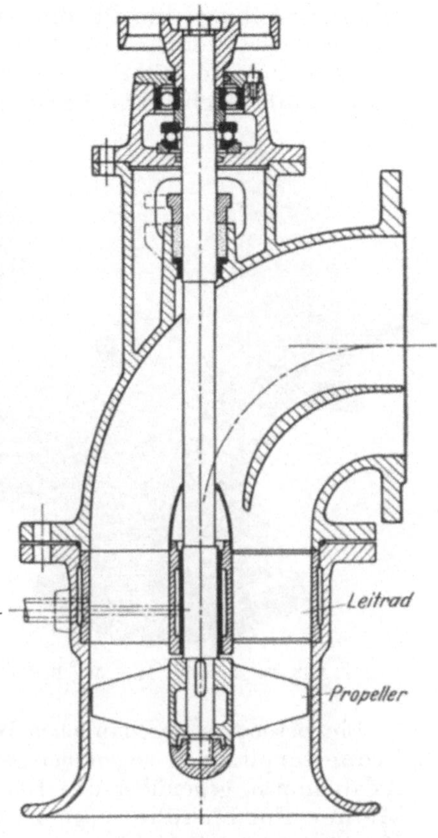

Abb. 60. Deutsche Werke, Kiel.

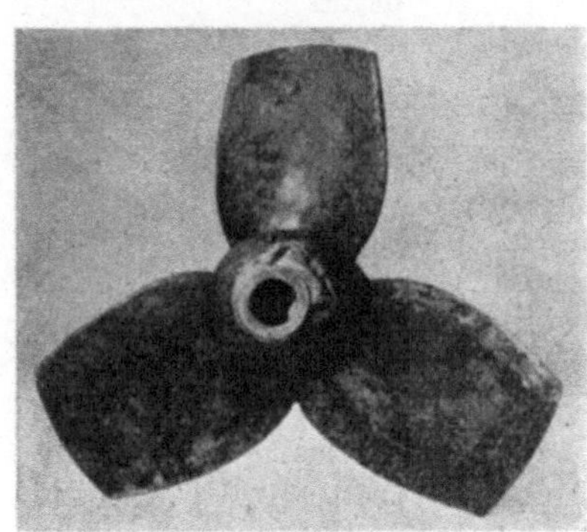

Abb. 61. Propeller D.-W.

Abb. 62. Leitrad D.-W.

Diese Einstellung kann allerdings nur bei herausgenommenem Propeller vorgenommen werden. Die Firma führt außerdem die antreibenden Drehstrommotore mit Polumschaltung aus, wodurch eine Regelung der Drehzahl möglich ist. Hierdurch lassen sich Förderhöhe und Wassermenge gut den schwankenden Bedürfnissen anpassen. Die bisher größte Pumpe hat einen Propeller nach Abb. 63 von etwa 1,5 m Durchmesser, welcher bei $n = 265/\mathrm{min}$ und $H = 2,05$ m eine Wassermenge von 7,5 m³/sek $= 450$ m³/min fördert und dabei einen Wirkungsgrad von 80% ergibt.

Den sog. Schraubenschaufler der MAN, Werk Gustavsburg, welcher eine Propellerpumpe ähnlicher Ausführung wie die vorige ist, zeigen die späteren Abb. 148 und 149. Auch hier wird ein dreiflügliger Propeller mit starker Nabe verwandt. Aus den Abbildungen ist die gesamte Aufstellung zu ersehen.

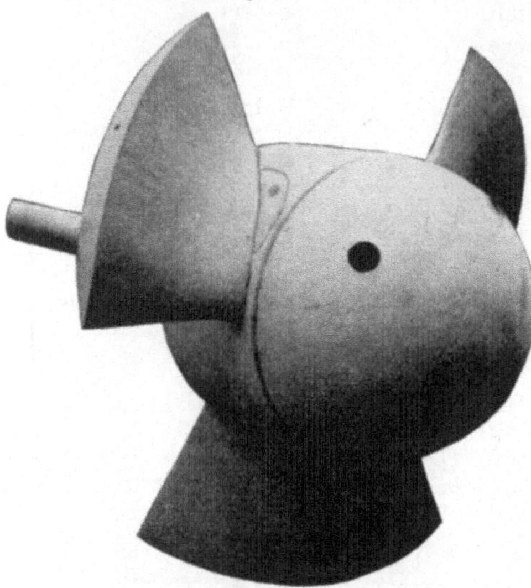

Abb. 63.   Propeller M.-S.-W., Berlin.

Ein besonders anschauliches Bild von der Zweckmäßigkeit der Propellerpumpen gegenüber gewöhnlichen Kreiselpumpen, also von Axialpumpen, gegenüber den Radialpumpen früherer Ausführung, bei kleiner Förderhöhe möge nachstehende Gegenüberstellung zweier Pumpen geben. Beide fördern $Q = 10,5$ m³/min auf $H = 2,5$ m.

	Axialpumpe	Radialpumpe
Drehzahl	1440/min	240/min
Leistungsbedarf .	7,4 PS	8,6 PS
Wirkungsgrad . .	79 vH	68 vH
Gewicht.	140 kg	935 kg

Dem bedeutend geringeren Gewicht entspricht auch ein wesentlich geringerer Preis. Hinzu kommt der billige, raschlaufende Antriebsmotor bei der Axialpumpe gegenüber dem langsamlaufenden teureren Motor, bzw. dem notwendigen Übersetzungsgetriebe beim Antrieb einer Radialpumpe.

Zu beachten ist aber, daß die Anwendung von Propellerpumpen lediglich auf das Gebiet kleiner Förderhöhen beschränkt ist. Die Erzeugung des erforderlichen Druckes kann nur dadurch erklärt werden, daß sich bei Drehung des Propellers über und unter den Schaufelflächen verschieden hohe Drücke bilden. Hierdurch aber ergibt sich die Gefahr der Hohlraumbildung oder Kavitation unter der Schaufel. Im Hohlraum scheiden sich Dampfblasen aus und diese führen zu starken

Anfressungen der Schaufeln. Diese Kavitationsgefahr steigt mit der Größe des Druckunterschiedes, also mit der Förderhöhe.

Ein weiterer **Nachteil** der Axialpumpen ist der, daß der Leistungsbedarf mit abnehmender Wassermenge nicht abnimmt, sondern in der Regel etwas ansteigt (vgl. hierzu Abschnitt 16 später), so daß der Antriebsmotor entsprechend kräftig zu bemessen ist.

Die **Berechnung** der Propellerpumpen kann nicht mehr nach der elementaren sog. „Wasserfadentheorie" erfolgen, da bei den wenigen Schaufeln geringer Größe, die im axialen Wasserstrom arbeiten, ganz andere Strömungsverhältnisse auftreten als bei den eigentlichen Kreiselpumpen. Die Benutzung der „Hauptgleichung" zur Berechnung reicht also nicht mehr aus, sondern man muß die „Theorie der Tragflächen"[1] zu Hilfe nehmen.

11. Einstufige Leitrad-Kreiselpumpen oder Turbinenpumpen.

Umgibt man das Laufrad mit einem feststehenden Leitrad, in welchem das Wasser allmählich zum Druckraum umgelenkt und seine Geschwindigkeit in Druck umgewandelt wird, so erhöht sich der Wirkungsgrad im allgemeinen um 5 bis 10%. Es ist daher üblich, Kreiselpumpen für größere Leistungen und insbesondere für größere Förderhöhen als Leitrad-Kreiselpumpen auszuführen, so daß auch die Bezeichnung **Mitteldruckpumpe** hierfür üblich ist. Der Wassereintritt erfolgt wie bei den gewöhnlichen Kreiselpumpen entweder einseitig oder doppelseitig, wobei dieselben Unterschiede wie dort hervortreten, nämlich im ersten Fall: einfachere Bauart und bessere Zugänglichkeit; im zweiten Fall: kleinere Raddurchmesser, bessere Lagerung und absoluter Druckausgleich.

Eine Turbinenpumpe mit einseitigem Einlauf zeigt Abb. 64. Sie wird von der **Amag Hilpert, Nürnberg**, für $Q = 360\ \text{l/min}$ und $H = 10\ \text{m}$ bei $n = 1150/\text{min}$ bis herauf zu $Q = 12000\ \text{l/min}$ und $H = 50\ \text{m}$ bei $n = 1550$ gebaut. Der Saugrohrdurchmesser beträgt dabei 50 bis 250 mm l. W. und die Pumpe erreicht einen Wirkungsgrad bis zu 78%. Der Wassereintritt erfolgt durch einen Saugrohrkrümmer, welcher die verschiedenartigsten Lagen einnehmen kann. Das Druckgehäuse ist spiralförmig und der Druckstutzen läßt sich tangential durch Drehen des Gehäuses in verschiedenen Richtungen anordnen. Das Leitrad ist aus Bronze und ist besonders eingesetzt, was ein seitlicher abnehmbarer Deckelring bequem ermöglicht. Die Lagerung der Welle erfolgt einmal in einem außerhalb der Pumpe sitzenden normalen Ringschmierlager, ein zweites Mal in einem am Gehäusedeckel angegossenen Lager, welches ebenfalls Ringschmierung hat. Der Ausgleich des Axialschubes in der Welle erfolgt durch Bohrungen im Laufrad und Schleifränder, wie bei den Pumpen des vorigen Abschnittes. Der etwa noch überschüssige Seitendruck wird bei größeren Pumpen durch ein leichtes Kugelspurlager am Wellenende abgefangen,

---

[1] Vgl. **Bauersfeld**: Z. V. d. I. 1922, S. 461, sowie **Pfleiderer**: Die Kreiselpumpen. Berlin: Julius Springer.

wodurch gleichzeitig die Welle in ihrer Lage festgelegt wird. Bei kleineren
Pumpen besorgen dies dagegen zwei Stellringe am äußeren Lager.
Den beiden Stopfbuchsen wird Druckwasser aus dem Raum oberhalb
der Schleifränder zugeführt, wodurch das Einsaugen von Luft vermieden wird.

Sind die Wassermengen größer, so zieht man den doppelseitigen
Einlauf vor. Eine solche Pumpe ist in Abb. 65 und 66 dargestellt,

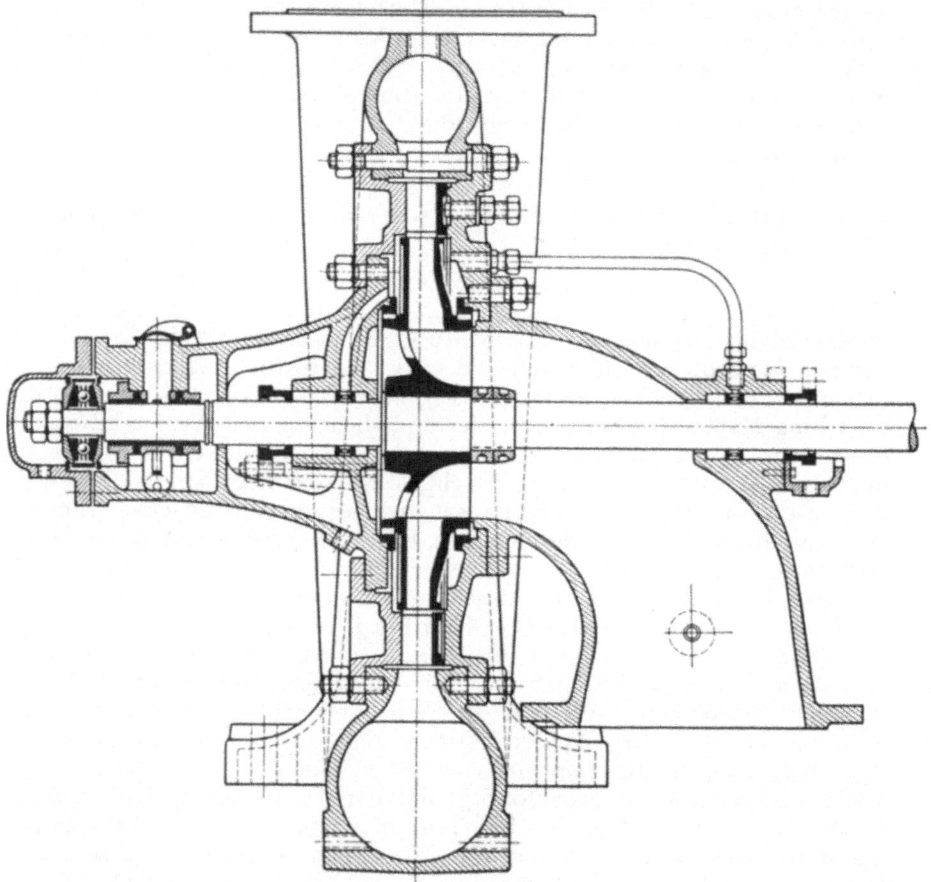

Abb. 64. Amag Hilpert, Nürnberg.

welche von R. Wolf, Magdeburg-Buckau, ausgeführt wird und
zwar von $Q = 2000$ l/min und $H = 10$ m bis zu $Q = 14000$ l/min und
$H = 20$ m bei einem Saugrohrdurchmesser von 150 bis 350 mm l. W.
Auch diese Pumpe erreicht bis $\eta = 0,78$. Der Aufbau ist wie bei den
gewöhnlichen doppelseitigen Pumpen vollkommen symmetrisch. Das
Saugrohr, welches entweder lotrecht oder wagerecht angebracht wird,
gabelt sich. Die von rechts und links tief eingreifenden Gehäusedeckel
übernehmen die weitere Wasserführung nach dem Laufradeintritt hin.

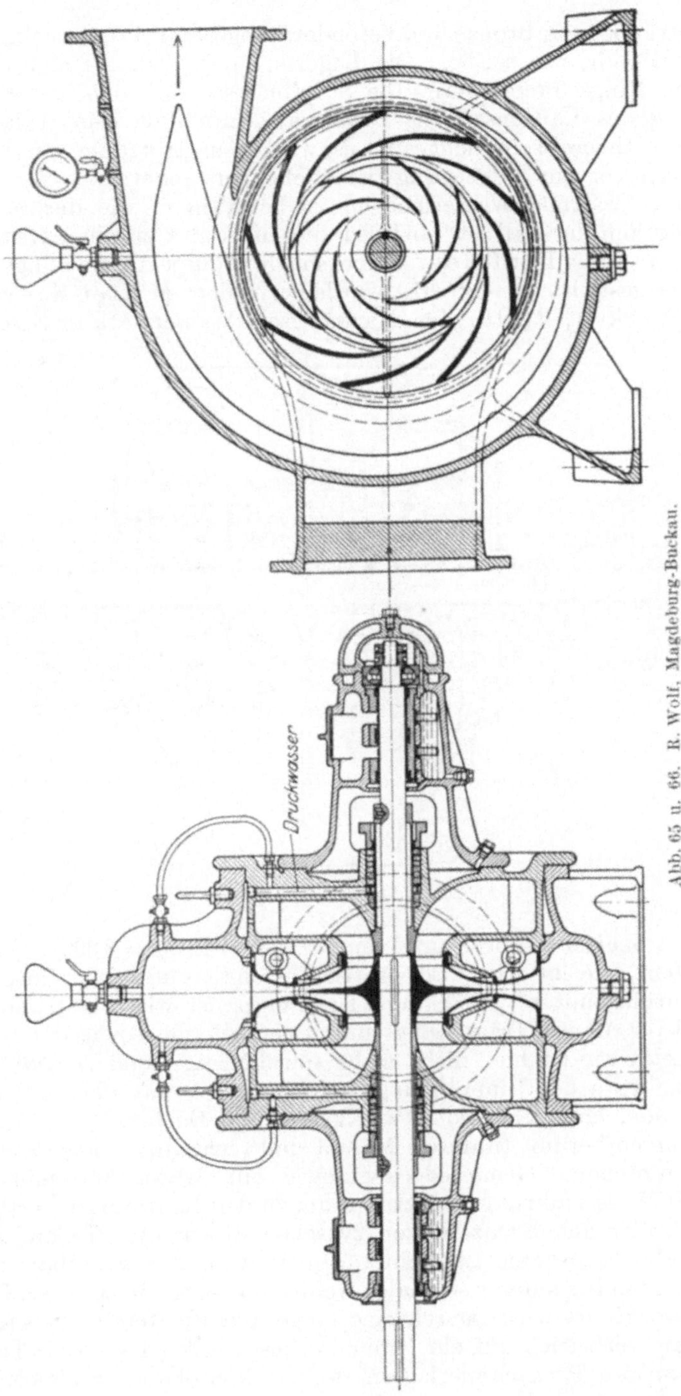

Abb. 65 u. 66. R. Wolf, Magdeburg-Buckau.

Das Leitrad ist aus Bronze und besonders eingesetzt. Das Druckgehäuse ist spiralförmig wie seither. Die Lagerung der Welle erfolgt in zwei normalen Ringschmierlagern. Die Stopfbuchsen haben beide zur Verhinderung des Lufteinsaugens Druckwasseranschluß. Ein Axialschub tritt zwar theoretisch nicht auf, es wird aber trotzdem ein leichtes Kugelspurlager zur Festlegung der Welle verwendet.

Sind sehr große Wassermengen zu bewältigen, wie dies z. B. bei Wasserwerken der Fall ist, so führt dies mitunter zu einer Parallelschaltung der Laufräder. Eine solche Pumpe in Zwillingsanordnung, dargestellt in Abb. 67, wurde von den Maffei-Schwartzkopff-Werken, Berlin, für das städtische Wasserwerk in Essen aus-

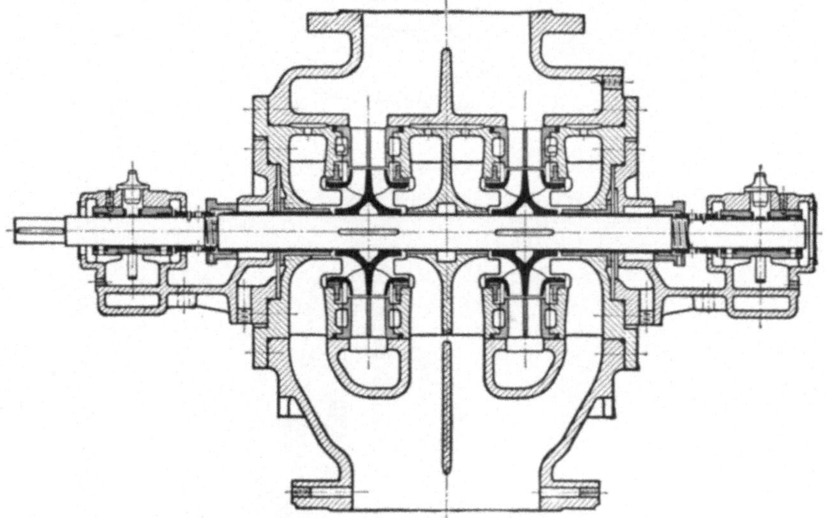

Abb. 67. Maffei-Schwartzkopff-Werke.

geführt, wobei eine Förderung von $Q = 30 \text{ m}^3/\text{min} = 1800 \text{ m}^3/\text{std}$ auf $H = 120$ m erreicht wird. Der Antrieb erfolgt unmittelbar durch eine Dampfturbine mit $n = 2500/\text{min}$. Die Pumpe ist wie folgt aufgebaut: Ein äußerer Mantel trägt Saug- und Druckstutzen sowie den Druckraum. Letzterer ist hier nicht mehr spiralförmig, sondern zylindrisch und besteht an der Einmündung des Saugrohres aus zwei getrennten Hohlräumen, läuft aber sonst als breiter und flacher Raum bis zum Druckstutzen herum. In diesen Mantel sind rechts und links die beiden tief eingreifenden Gehäusedeckel sowie ein Mittelstück eingesetzt, worin die Wasserführung vom Saugraum zu den Laufrädern stattfindet. Die Leiträder aus Bronze sitzen zwischen diesen drei Teilen. Damit die Stopfbuchsen keine Luft einsaugen, ist zwischen Stopfbuchse und Saugraum ein besonderer schmaler Hohlraum gelegt, in welchen Druckwasser eingeführt wird. Durch eine lange, gut dichtende Buchse wird der Wasserverbrauch auf ein Minimum beschränkt. Die Welle läuft in zwei normalen Ringschmierlagern, welche konsolartig beiderseits angebaut und mit Wasserkühlung versehen sind. Die gesamte Pumpe sitzt mit zwei kräftigen, in der Abbildung nicht zu erkennenden Füßen auf dem Fundament.

Eine ganz ähnlich gebaute Zwillings-Turbinenpumpe, ausgeführt von A. Borsig, Berlin-Tegel, zeigt die Abb. 68. Es ist hieraus besonders die äußerlich sehr einfache Formgebung dieser Pumpenart zu erkennen. Auch ist die Lagerung des Gehäuses auf dem Fundament zu ersehen, während das Saugrohr darin verschwindet.

Abb. 68.   A. Borsig, Berlin.

Die Zwillingspumpen sind aber sehr teuer und werden daher heute kaum noch gebaut, da sie sich in der Regel durch Pumpen mit einem Laufrad (Abb. 65) ersetzen lassen. Das Rad erhält dann einen größeren Durchmesser und man muß mit der Umlaufszahl heruntergehen. Bei Dampfturbinenantrieb geschieht dies heute z. B. durch Einschalten eines Stirnradgetriebes.

Bezüglich der Ausführung der Spiralgehäuse sowie bezüglich der Wahl des Baustoffes für die Gehäuseteile und für die Lauf- und Leiträder gilt das im Abschnitt 9 Gesagte.

12. Mehrstufige Turbinenpumpen.

A. Allgemeiner Aufbau.

Während man zur Förderung großer Wassermengen mehrere Laufräder parallel schaltet, wie das im vorigen Abschnitt betrachtet war, so muß zur Erreichung großer Förderhöhen eine Hintereinanderschaltung der Räder in einzelnen Druckstufen ausgeführt werden. Man bezeichnet diese Pumpen wegen ihres Verwendungsgebietes allgemein als Hochdruck-Kreiselpumpen. Man kann heute mit 20 Stufen und bei $n = 3000/\mathrm{min}$ bis zu $H = 2000$ m oder einen Druck von 200 at erzeugen und erreicht dabei Wirkungsgrade bis zu 80%.

Der Aufbau der neuzeitlichen Hochdruckpumpen strebt immer
mehr einer einheitlichen Form zu, wie zunächst an Hand der Abb. 69
und 70, Ausführungen der Firma C. H. Jaeger & Co., Leipzig, erläutert werden soll. Die Pumpe setzt sich aus einzelnen Stufen zusammen, welche aus Laufrad, Leitrad und einem ringförmigen Ge-
häuseteil bestehen, der den Umführungskanal zum nächsten Laufrad
aufnimmt. Diese einzelnen Stufen werden heute in der Regel aneinander-
gesetzt, wie Abb. 69 zeigt, und durch kräftige durchgehende Schraubenbolzen zusammengehalten. In einzelnen Fällen findet man es noch,
daß die Stufen auch in ein Mantelgehäuse eingeschoben werden. An
den Stirnseiten endigt die Pumpe mit wulstförmigen Gehäusen, in
welche der Saug- oder Druckstutzen einmündet. An diese Gehäuse

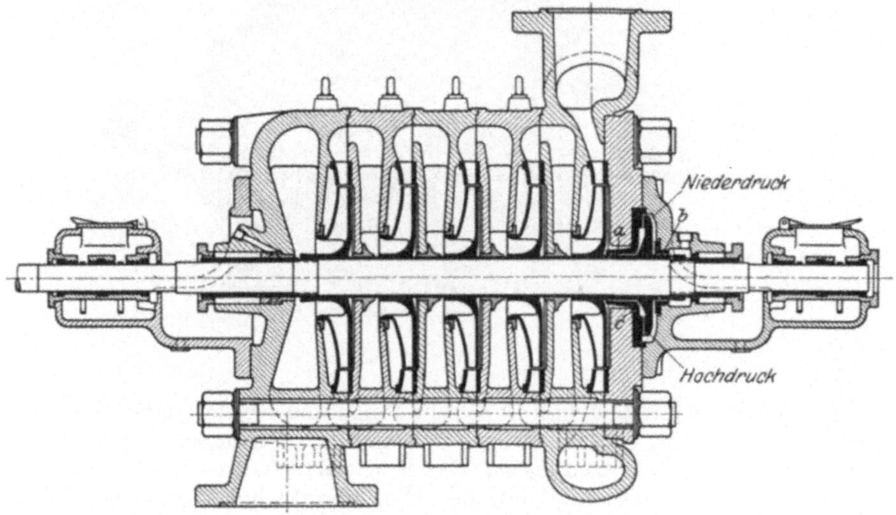

Abb. 69. C. H. Jaeger & Co., Leipzig.

sind wiederum mit Flanschen die Ringschmierlager und etwaige Spurlager angesetzt. Außerdem befinden sich hier die Stopfbuchsen, und
zwar erhält diejenige an der Saugseite stets Druckwasseranschluß (siehe
später), damit hier keine Luft eingesaugt wird. Als Packungsmaterial
wird der rechteckige, mit Talg getränkte Hanf- oder Baumwollzopf
verwendet, der in der Regel nur leicht angezogen werden braucht.
Auch Weißmetall-Hohlringe mit Schmierstoff haben sich bewährt. Alle
Gehäuseteile sind in der Regel aus Gußeisen, da die kräftigen durchgehenden Schrauben einen großen Teil der Beanspruchung aufnehmen.
Die Wellen werden aus gutem Stahl, mitunter Nickelstahl, angefertigt
und sind innerhalb der Pumpe meist gänzlich mit leichten Bronzebuchsen überzogen. Lauf- und Leiträder werden aus zäher Bronze
hergestellt und sind heute in der Regel in Serien gearbeitet, was dann
nicht nur billiger wird, sondern auch eine große Genauigkeit der Bearbeitung gewährleistet. Die Wellen samt den aufgekeilten Laufrädern

werden stets auf das genaueste ausgewuchtet, worauf schon bei der Berechnung im Abschnitt 7 hingewiesen wurde. Die äußere Form der

Abb. 70. C. H. Jaeger & Co., Leipzig.

Pumpe läßt, wie Abb. 70 zeigt, gedrungene kurze Bauart ohne vorspringende Teile erkennen, wie sie heute für Hochdruckpumpen charakteristisch ist und von den meisten Fabriken angestrebt wird.

B. Ausgleich des Axialschubes.

Besonderes Augenmerk ist nun bei Hochdruckpumpen auf den Ausgleich des Axialschubes zu richten, zu welchem Zweck die verschiedenartigsten Entlastungsvorrichtungen benutzt werden können. Wegen ihrer Wichtigkeit soll vor dem Eingehen auf weitere Pumpenkonstruktionen bei diesen Vorrichtungen zunächst verweilt werden.

Auf dem Laufrade lastet, wie Abb. 71 darstellen soll, der Überdruck $h_2 - h_1$, welcher je nach der Bauart der Pumpe und insbesondere je nach dem Schaufelwinkel β_2 kleiner oder größer sein kann, sich aber für eine bestimmte Pumpe stets ermitteln läßt. (Vgl. hierzu Abschnitt 5 A. Bei stark vor- und rückwärts gekrümmten Schaufeln würde $h_2 - h_1 = 0$ werden.) Auf das Laufrad entfällt nun durch den Überdruck allein eine Belastung in Kilogramm:

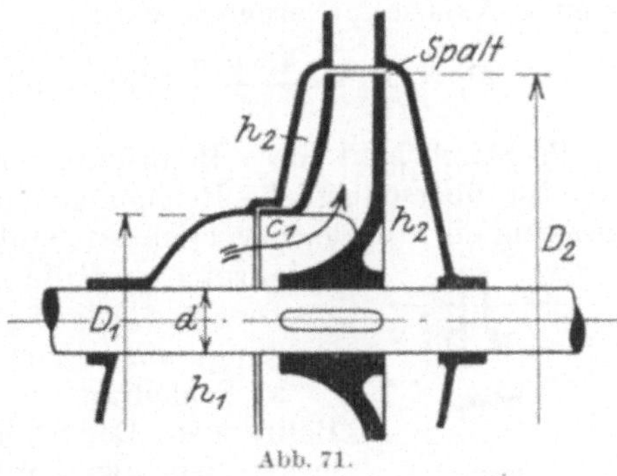

Abb. 71.

$$P_1 \cong 1000 \left(\frac{D_1^2 \cdot \pi}{4} - \frac{d^2 \cdot \pi}{4} \right) \cdot (h_2 - h_1)$$

von rechts nach links wirkend, wobei D_1 und d in m einzusetzen sind.

Natürlich gilt diese Betrachtung nur unter der Annahme, daß der dynamische Druck h_2, wie Abb. 71 zeigt, sich in beiden Hohlräumen rechts und links einstellt und am Laufradeintritt eine vollkommene Dichtung vorhanden ist. Außerdem ist zu berücksichtigen, daß das Wasser in den Hohlräumen infolge der Reibung am Laufrad wieder mehr oder weniger in Rotation versetzt wird, wodurch sich h_2 ändert. Die Gleichung für P_1 kann also nur für Überschlagsrechnungen gelten.

Außer dieser statischen Belastung durch den Überdruck ist aber ein **dynamischer Druck** vorhanden, welcher den Axialschub in der Welle beeinflußt. Dieser rührt her von der Ablenkung des Wassers aus der axialen Eintrittsrichtung in die radiale Richtung. Wird eine Masse m, welche die wagerechte Geschwindigkeit c besitzt, um 90^0 so abgelenkt, daß sie nichts an Geschwindigkeit einbüßt, so ergibt sich nach dem Satz vom „Antrieb" und der „Bewegungsgröße" ein Druck auf die Ablenkungsfläche:

$$P = \frac{m\,(c - o)}{t}$$

in wagerechter Richtung. Hierbei ist t die Zeit, welche die Geschwindigkeitsänderung erfordert.

Auf vorliegenden Fall der Abb. 71 angewandt, wo es sich um die dauernde Ablenkung der Wassermenge Q l/sek mit c_1 von der axialen in die radiale Richtung handelt, ergibt sich somit:

$$P_2 = \frac{Q \cdot c_1}{g}\,\text{kg}$$

als axial gerichteter Ablenkungsdruck gegen die Radnabe. Letzterer ist dem P_1 entgegengerichtet, somit würde sich theoretisch ein gesamter Axialschub ergeben von:

$$P_1 - P_2 = \frac{1000 \cdot \pi}{4}\,(D_1^2 - d^2) \cdot (h_2 - h_1) - \frac{Q \cdot c_1}{g}\,\text{kg}.$$

Praktisch sind diese Berechnungen aus den angeführten Gründen nur für überschlägliche Rechnungen brauchbar, und zur genauen Bemessung der Ausgleichsvorrichtung muß der Versuch und die praktische Erfahrung zu Hilfe genommen werden.

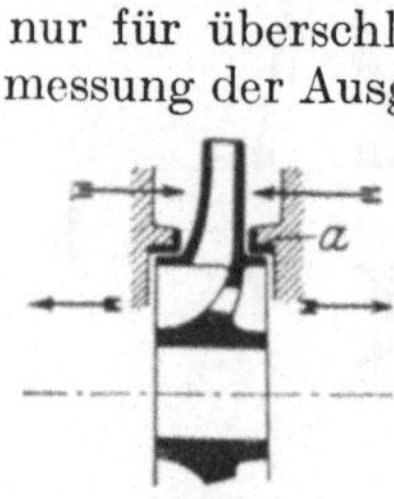

Die **Entlastungsvorrichtungen** können nun wie folgt ausgeführt werden:

a) Schleifränder, Abb. 72, an den Laufrädern und Bohrungen. Der Schleifrand erhält denselben Durchmesser wie das Laufrad auf der Eintrittsseite und läuft in dem Dichtungsring a. Hierdurch erfolgt ein ziemlich guter Ausgleich des statischen Überdruckes. Trotzdem ist aber noch ein Kugelspurlager nötig zur Festlegung der Welle und zum Ausgleich restlicher Überdrücke.

Abb. 72.

b) Gewölbte Gegenscheiben, Abb. 73, außer Schleifrand und Bohrungen. Die Gegenscheibe f, welche mit der Welle umläuft, soll durch

Ablenkung des Wassers einen Druck erzeugen, welcher den oben berechneten Ablenkungsdruck P_2 aufhebt. (System Jaeger & Co., heute nieht mehr ausgeführt.) Auch hier hat sich noch ein leichtes Spurlager als nötig erwiesen.

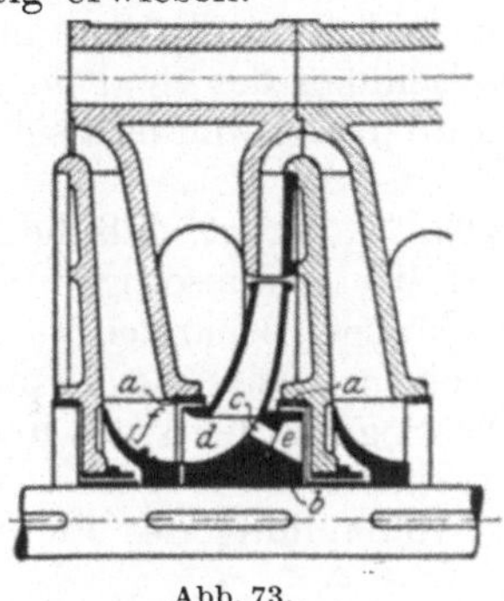

Abb. 73.

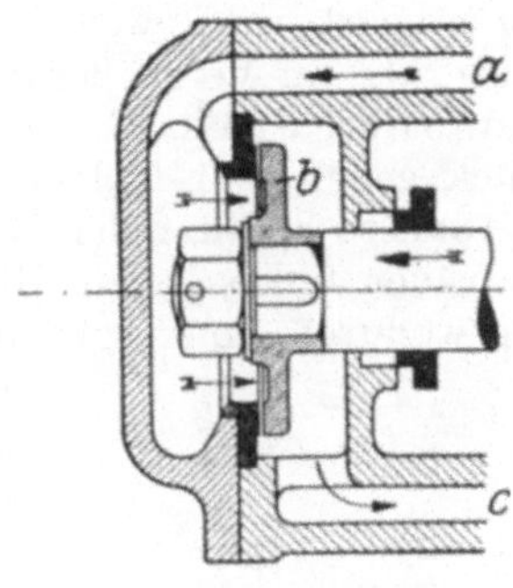

Abb. 74.

c) Entlastungsteller, Abb. 74, außerhalb des Lagers. Durch eine besondere Umführungsleitung a wird Druckwasser gegen einen Teller b geleitet, welcher auf dem Wellenende aufgekeilt ist. Durch den Wasserdruck wird der nach links wirkende Axialschub in der Welle aufgehoben. Das durch den Spalt fließende Wasser wird bei c abgeleitet. Die Vorrichtung hat früher nur in Verbindung mit der Ausgleichsvorrichtung, Abb. 72, also nur zum Ersatz des Spurlagers Verwendung gefunden. Neuerdings benutzt man eine ähnliche Entlastungsvorrichtung, die aber durch Drucköl betätigt wird. Sie wird verwendet, wenn die innenliegenden Vorrichtungen d und e wegen sandhaltigen Wassers nicht angewandt werden können.

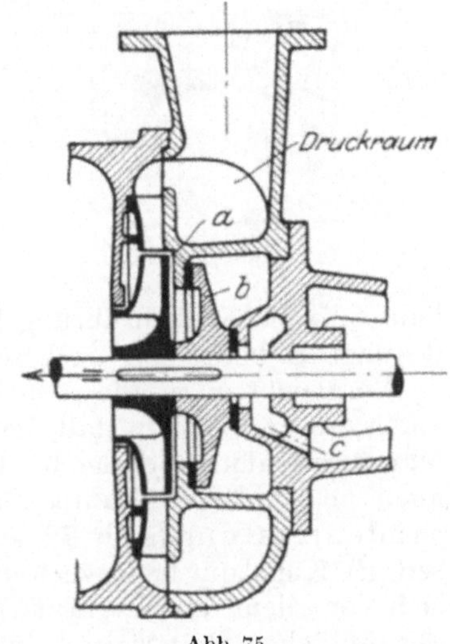

Abb. 75.

d) Entlastungsscheibe, Abb. 75, hinter der letzten Druckstufe. Durch den Spalt bei a wird Druckwasser gegen eine Scheibe b geleitet, welche auf der Welle hinter dem letzten Laufrad aufgekeilt ist. Der Wasserdruck gegen die Scheibe wirkt dem nach links wirkenden Axialschub in der Welle entgegen. Die Scheibe läuft in der Regel zwischen zwei Dichtungsringen aus Bronze. Die an diesen Stellen hindurchtretende geringe Wassermenge wird bei c abgeleitet. Die Vorrichtung erspart jede weitere Festlegung der Welle und in der Regel jedes weitere Spurlager.

e) Entlastungskolben, Abb. 76, hinter der letzten Druckstufe. Die Vorrichtung findet in der Regel Anwendung in Verbindung mit einer kleinen Scheibe b, die mit dem Kolben d zusammen auf der Welle aufgekeilt ist. Das Wasser strömt durch den Spalt a_1 und den Spalt neben der Scheibe a_2 gegen den Kolben, diesen nach rechts schiebend zur Aufhebung des axialen Wellenschubes. Das zwischen Kolben und Dichtungsbuchse durchdringende Wasser wird bei c abgeleitet. Die Vorrichtung erspart jedes weitere Spurlager und ist außerdem insofern selbsttätig, als bei Vergrößerung des Axialschubes der Spalt a_2 größer wird und dadurch mehr Druckwasser hindurchläßt, wodurch sich auch der Druck gegen den Kolben erhöht.

f) Besondere Stellung der Lauräder, Abb. 77, derart, daß die Hälfte der Laufräder linksseitigen, die andere Hälfte rechtsseitigen Einlauf erhalten, wodurch ein Ausgleich des Axialschubes vorhanden ist. Trotzdem wird noch ein leichtes Kugelspurlager nötig zur Festlegung der Welle und zum Ausgleich restlicher Überdrücke. Wegen der teuren Herstellung des Pumpenge-

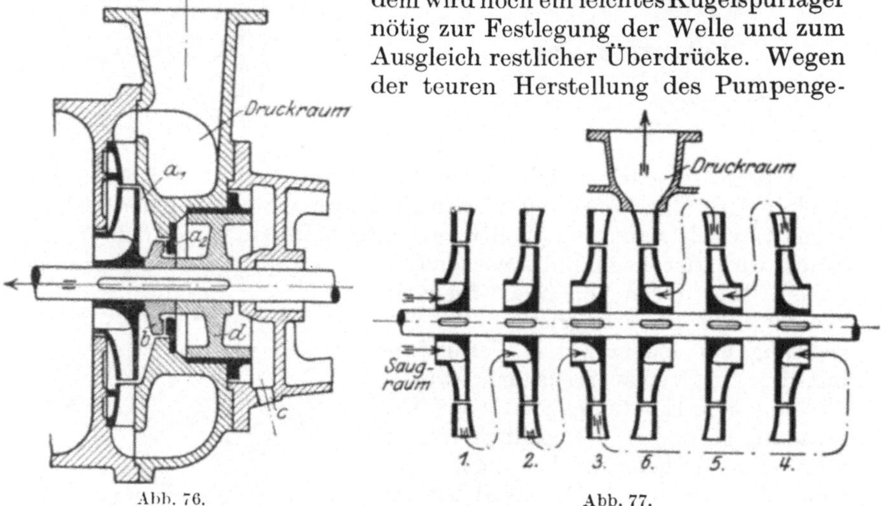

Abb. 76.   Abb. 77.

häuses, welches Umführungskanäle erhalten muß, wird diese Entlastungsart heute nur noch selten angewandt.

Vergleicht man die sämtlichen Entlastungsvorrichtungen miteinander, so ergibt sich, daß die erste natürlich die einfachste sein wird. Man verwendet sie daher bei kleineren Pumpen sehr häufig, führt aber auch noch größere Pumpen bis zu etwa sechs Stufen mit Schleifrandentlastung (Abb. 72) aus, wobei dann aber ein kräftigeres doppelseitiges Kugelspurlager verwendet wird. Bei größeren Pumpen empfiehlt sich vor allem die Entlastungsscheibe (Abb. 75). Sie besitzt neben der einfachen Bauart und durchaus sicheren Wirkung den besonderen Vorzug, daß die Stopfbuchse auf der Hochdruckseite vollkommen entlastet wird, da sie nur von dem Leckwasser aus dem Scheibenspalt umspült wird, welches drucklos ist. Es ist daher erklärlich, daß heute fast alle einschlägigen Fabriken diese Entlastungsvorrichtung verwenden. Erwähnt seien hier von bekannten Firmen: C. H. Jaeger & Co., R. Wolf, Maffei-Schwartzkopff, C. Enke, Klein, Schanzlin & Becker, Amag Hilpert sowie Weise Söhne (letztere in einer besonderen patentierten Ausführung).

C. Ausführungen mehrstufiger Pumpen.

In folgendem sollen nur einige Ausführungen neuerer Hochdruckkreiselpumpen mit vorstehend beschriebenen Entlastungsvorrichtungen betrachtet werden.

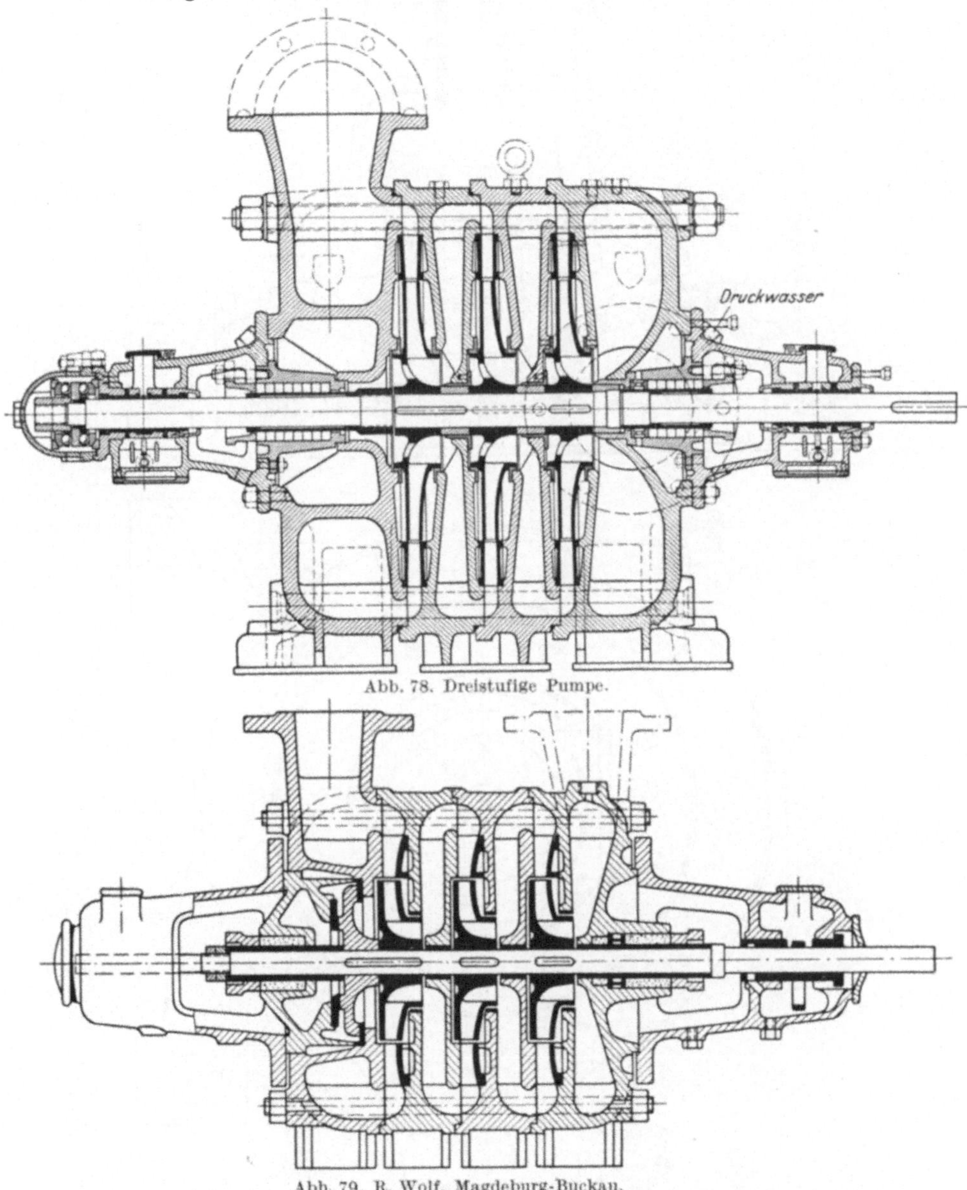

Abb. 78. Dreistufige Pumpe.

Abb. 79. R. Wolf, Magdeburg-Buckau.

Abb. 78 stellt eine dreistufige Pumpe mit sehr übersichtlicher Bauart dar. Der Zusammenbau erfolgt in der üblichen Weise mit den ein-

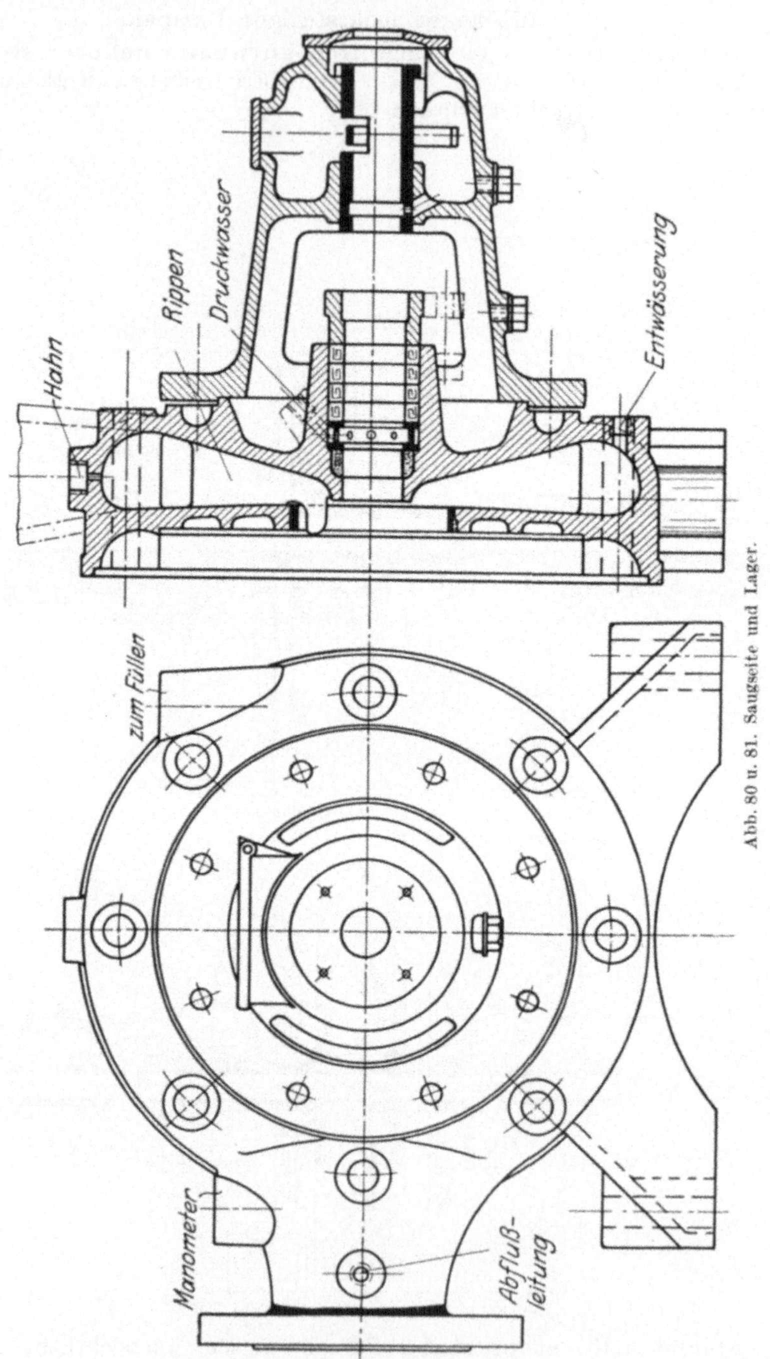

Abb. 80 u. 81. Saugseite und Lager.

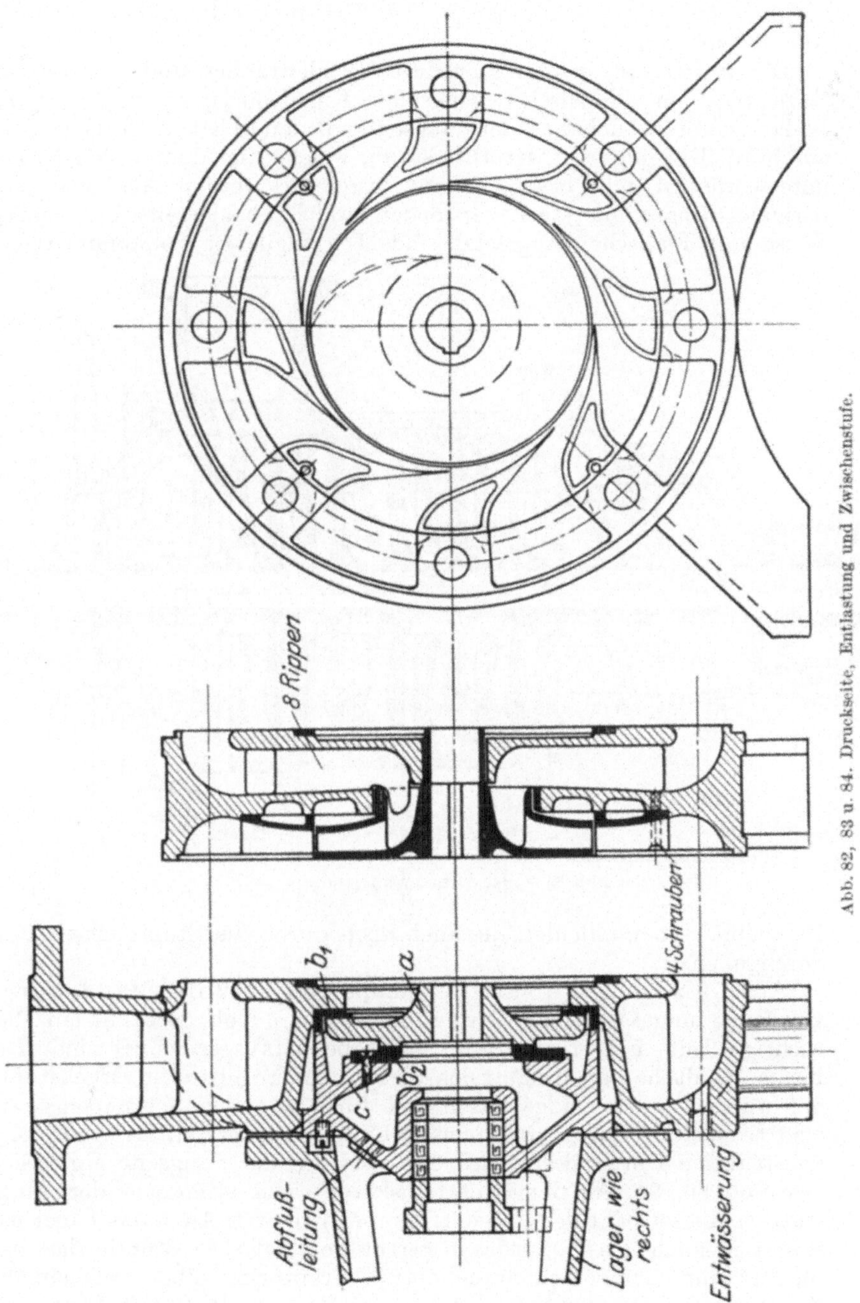

Abb. 82, 83 u. 84. Druckseite, Entlastung und Zwischenstufe.

zelnen Stufen und den beiden Endgehäusen. Wie bei Abb. 69 liegen die durchgehenden Schrauben in den Umführungskanälen (vgl. auch Abb. 85 später).

Die Entlastung erfolgt hier durch Schleifränder und Bohrungen. Dazu tritt ein doppelseitig wirkendes Kugelspurlager am Ende der Welle. Die Stopfbuchse an der Saugseite hat den üblichen Druckwasseranschluß. Diejenige auf der Druckseite, welche hier dem vollen Druck unterworfen ist, muß besonders lang ausgeführt werden. Als Lager sind normale Ringschmierlager verwendet, welche beiderseits in gleicher Weise mit Flanschen angesetzt sind. Die Welle ist vollkommen mit

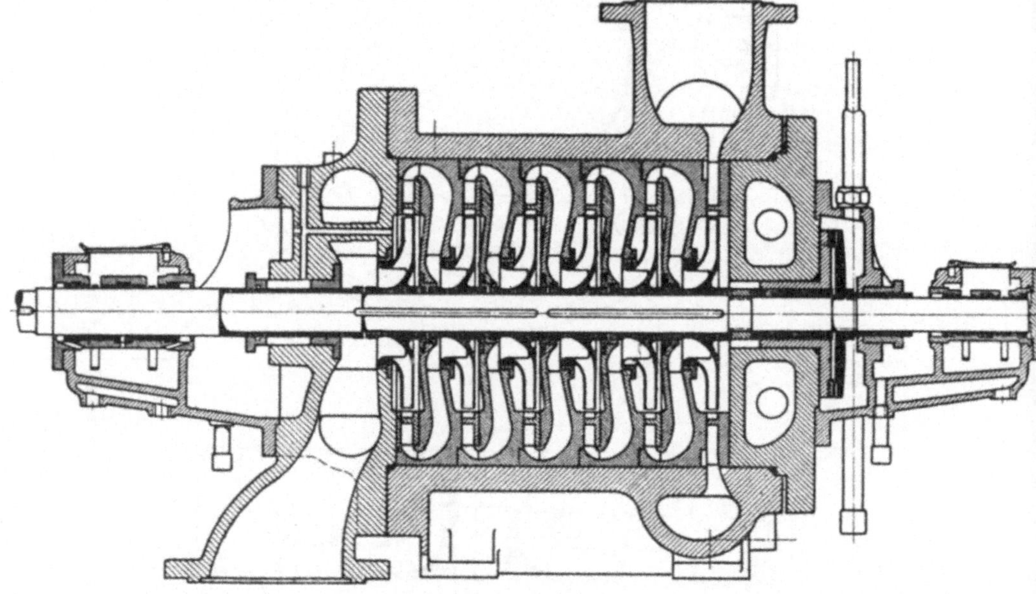

Abb. 85. Gebr. Sulzer, Winterthur.

Bronzebuchsen umkleidet, die auch noch durch die Stopfbuchsen hindurchgehen.

Abb. 79 zeigt eine dreistufige Pumpe von R. Wolf, Magdeburg-Buckau, im gesamten Aufbau, während in den Abb. 80 bis 84 einzelne wichtige Teile in vergrößertem Maßstabe herausgezeichnet sind. Die Firma wählt heute ausnahmslos die einzeln angebauten Druckstufen mit wulstförmigen Endgehäusen und durchgehenden Schrauben sowie eine Entlastung durch eine Scheibe hinter dem letzten Laufrade. Die konstruktive Durchbildung des Gehäuses auf der Saugseite ergibt sich aus Abb. 80, 81. An dem Rotationskörper sind wagerecht der Saugstutzen und lotrecht der Fuß der Pumpe angesetzt. Auch das Lager ist, soweit möglich, als Rotationskörper ausgebildet. Die Stopfbuchse hat im Packungsraum einen durchbohrten Bronzering, über welchem die Zuleitung des Druckwassers erfolgt. Die Zwischenstufe mit Lauf- und Leitrad ist in Abb. 83, 84 im Aufriß und Seitenriß dargestellt, und

zwar sei auf die außerordentlich kurze Bauart und den
vollkommen lotrecht verlaufenden Umführungskanal besonders hingewiesen. Durch
diese Kürze erhält die ganze
Pumpe eine gedrungene vor-
teilhafte Form. Im Seitenriß
ist zu erkennen, daß acht
durchgehende Schrauben gewählt sind und infolgedessen
auch acht Leitschaufeln, weil
die Führungsaugen für die
Schrauben in den toten
Räumen zwischen den Schaufelkanälen liegen müssen.
Die acht Rippen im Umfüh-
rungskanal reichen bis in
das Laufrad hinein und geben dadurch, daß sie radial
stehen, dem Wasser gute
Führung für den Laufrad-
eintritt. Abb. 84 zeigt außerdem links die Entlastungsscheibe a zwischen zwei
Bronzeringen b_1 und b_2, die
durch einen besonderen Ein-
satz c gehalten werden.

Eine 6 stufige Pumpe der
Firma Gebr. Sulzer, Win-
terthur und Ludwigs-
hafen, ist in Abb. 85 dargestellt. Zum Unterschiede
gegenüber den vorher be-
trachteten Bauarten sind hier
die einzelnen Druckstufen
in ein Mantelgehäuse eingeschoben, wodurch natürlich
die durchgehenden Schrau-
benbolzen in Wegfall kom-
men, der Mantel selbst aber
recht kräftig ausgeführt werden muß, da er beträchtliche
Zugspannungen aufzuneh-
men hat. Am rechten Ende
des Mantels sitzt das ringförmige Druckgehäuse mit
dem nach oben weisenden

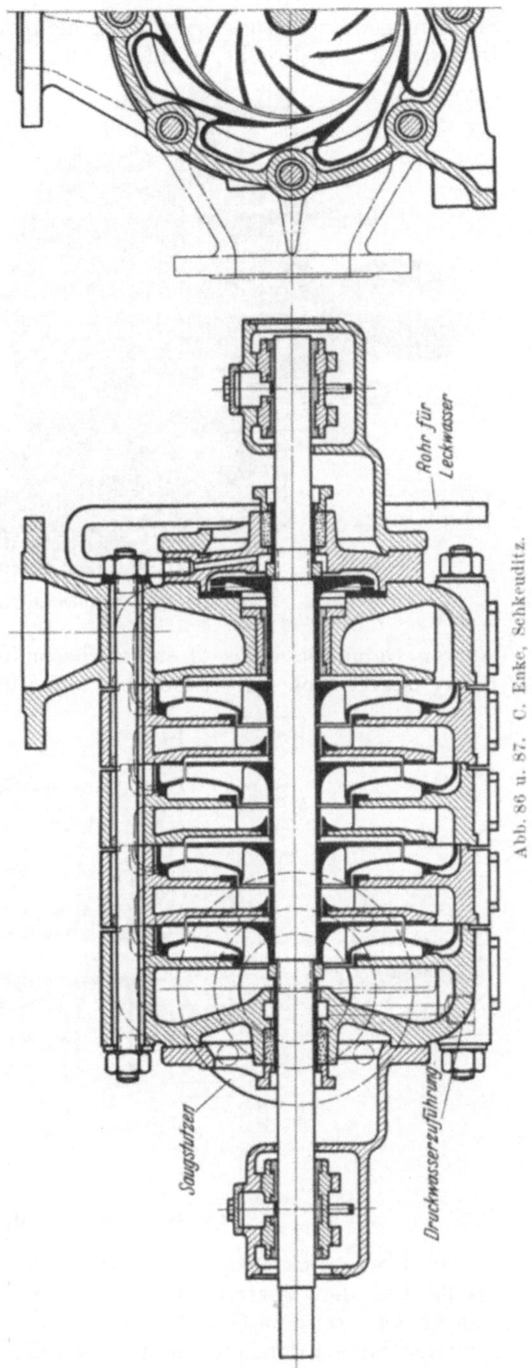

Stutzen. Die Entlastungsscheibe ist nicht unmittelbar hinter der letzten Druckstufe angebracht, sondern sitzt hier außerhalb eines breiten

Abb. 88. C. Enke, Schkeuditz.

hohlen Gehäusedeckels in einer besonderen Kammer, aus der das Leckwasser durch ein Rohr oben abgeführt wird.

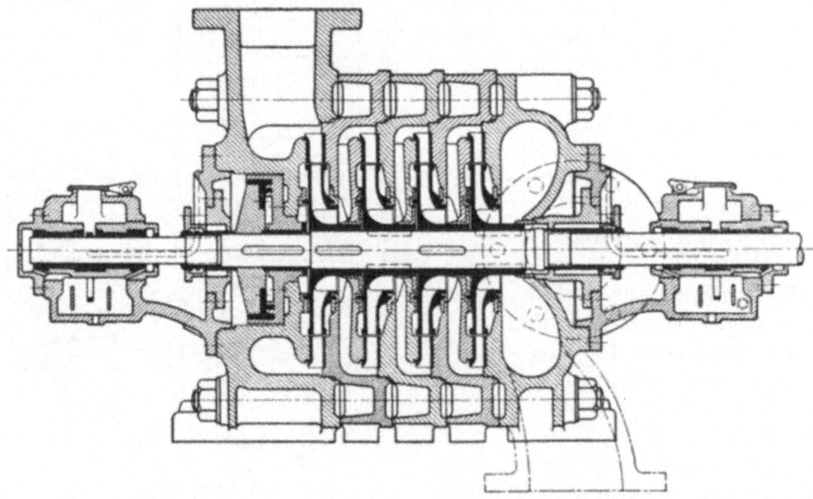

Abb. 89. Weise Söhne, Halle a. S.

Die Hochdruckpumpe von Carl Enke, Schkeuditz-Leipzig, Abb. 86 bis 88 hat den Vorteil, daß der Gehäusedurchmesser sehr klein ist, was gleichzeitig eine Gewichtsersparnis bringt. Es liegt dies an der besonderen Bauart der Leitschaufeln, welche sehr geringe Höhe in radialer Richtung haben und durch einzelne Kanäle das Wasser nach dem Um-

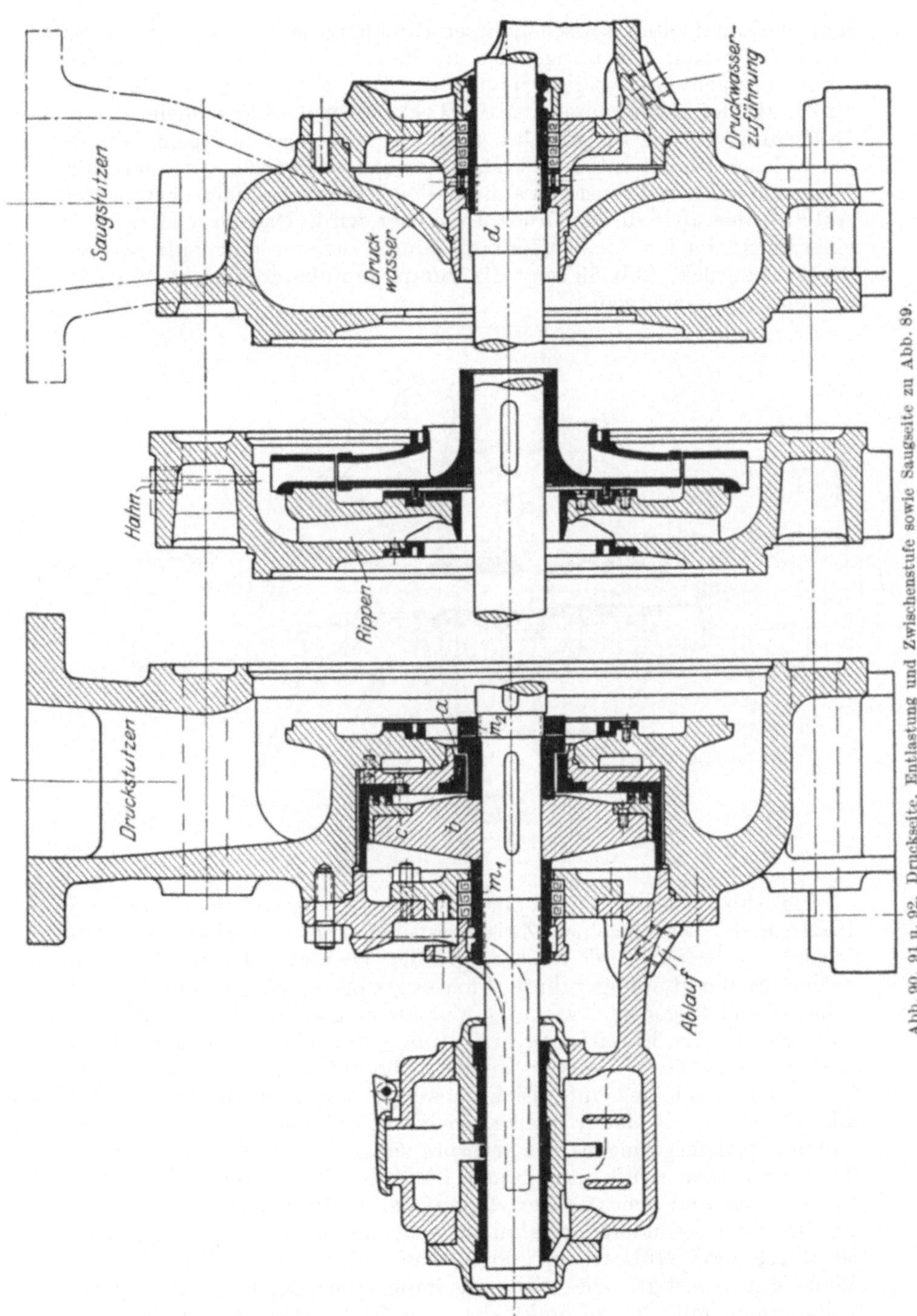
Saugstutzen
Druckwasser
d
Druckwasser-zuführung
Hahn
Rippen
Druckstutzen
a
m_2
c
b
m_1
Ablauf
Abb. 90, 91 u. 92. Druckseite, Entlastung und Zwischenstufe sowie Saugseite zu Abb. 89.

führungskanal leiten. Zwischen diesen Kanälen liegen die durchgehenden
Schraubenbolzen. Im übrigen ist die Bauart der Pumpe ähnlich den
schon betrachteten „Gliederpumpen". Die Entlastungsscheibe sitzt
außerhalb des Druckraums und das Leckwasser wird aus einem kleinen
Hohlraum vor der Stopfbuchse abgeführt. Bei sandhaltigem Wasser,
bei welchem die Scheibe zu rasch verschleißen würde, verwendet die
Firma einen Entlastungsteller außerhalb der Pumpe, ähnlich der früheren
Abb. 74, der aber durch Drucköl betätigt wird. Das Drucköl wird in
einer mitlaufenden kleinen Zahnradpumpe erzeugt und läuft nachher
drucklos zurück. Abb. 88 zeigt die Pumpe in äußerer Ansicht, teilweise
auseinander genommen.

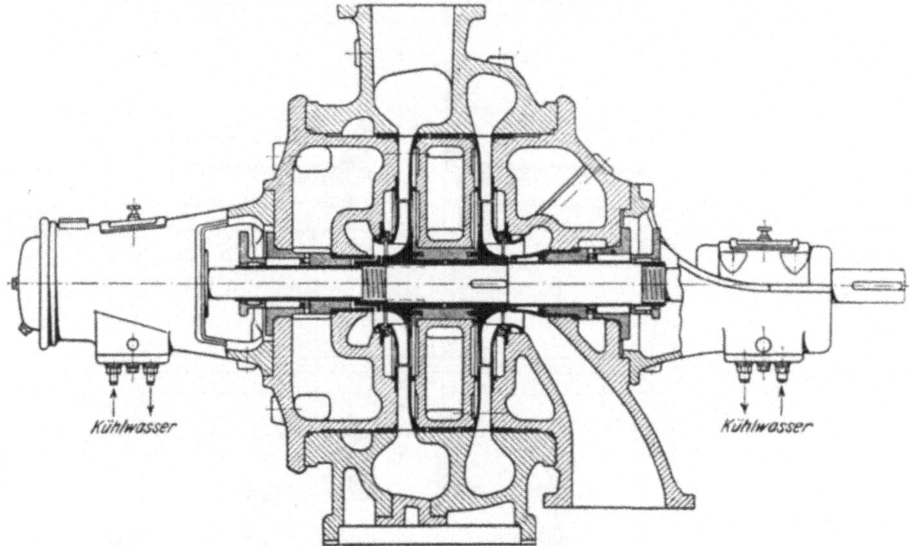

Abb. 93. Weise Söhne, Halle a. S.

Die Abb. 89 bis 92 zeigen eine 4stufige Pumpe von Weise Söhne,
Halle a. S. Die einzelnen Zwischenstufen sind schmal gebaut. Auf-
fallend ist die außerordentlich sorgfältige Dichtung der Laufräder an
beiden Seiten durch gezahnte Dichtungsringe. Zwischenstufen, End-
gehäuse und Lager sind wieder soweit als möglich als Rotationskörper
ausgebildet. Als Entlastungsvorrichtung wird eine besondere, durch
D.R.P. geschützte Scheibe verwendet, Abb. 90, welche ähnlich wie die
Laufräder durch gezahnte Dichtungsringe sorgfältig abgedichtet ist.
Die Firma erzielt dadurch einen sicheren Schubausgleich und einen
außerordentlich geringen Wasserverbrauch. Das Druckwasser wird aus
der letzten Druckstufe entnommen, fließt durch den Spalt a der Dichtungsbuchse und drückt gegen die auf der Welle befestigte Scheibe b,
welche einen besonderen gezahnten Dichtungsring c trägt. Die Scheibe
ist durch zwei Muttern m_1 und m_2 sowie durch eine Feder auf der
Welle gut befestigt. Die Welle ist infolge der langen Laufradnaben
vollkommen mit Bronze umkleidet. Alle Teile sitzen auf Federn und

werden durch die Mutter m_2 und den Bund d zusammengehalten. Die Stopfbuchsen sitzen in besonderen Einsätzen. Diejenige auf der Saugseite hat den üblichen Druckwasseranschluß.

Abb. 93 stellt eine ältere Pumpe derselben Firma dar, wie sie heute nur noch bei sandhaltigem Wasser verwendet wird, weil hierbei der Verschleiß der Dichtungsringe an den Entlastungsscheiben ein großer ist. Die dargestellte Pumpe zeigt die an Abb. 77 besprochene Gegenstellung der Lauf-räder, allerdings in nur zweistufiger Ausführung. Das Mantelgehäuse muß einen Umführungskanal besitzen, durch welchen das Wasser vom ersten Druckraum rechts dem zweiten Laufrad links zu-

Abb. 94. Klein, Schanzlin & Becker, Frankenthal.

geführt werden kann. Der Druckstutzen kommt etwa in die Mitte der Pumpe. Da der Schubausgleich nicht vollständig wirkt, befindet sich in dem Lager links noch ein leichtes doppeltwirkendes Kugelspurlager, durch welches die Welle gleichzeitig festgelegt wird.

Abb. 94 zeigt die äußere Ansicht einer dreistufigen Pumpe von Klein, Schanzlin & Becker, Frankenthal, mit Elektromotorantrieb. Die Pumpe weist im Schnitt eine ähnliche Bauart auf, wie sie in den Abb. 79 und 86 dargestellt war. Als Ausgleichsvorrichtung wird die Entlastungsscheibe benutzt. Pumpe und Motor sitzen auf einer gemeinsamen gußeisernen Fundamentplatte und sind durch eine elastische Kupplung miteinander verbunden.

13. Brunnen- und Abteufpumpen.

Besondere Ausführungsformen nehmen unter den Hochdruckpumpen die Brunnen- und Abteufpumpen an, da sie wegen ihres besonderen Verwendungszweckes lotrechte Wellenanordnung erhalten. In der Regel werden sie unmittelbar durch Elektromotore angetrieben. Die Abteufpumpen sind außerdem beweglich angeordnet, damit sie je nach dem Wasserstand in den abzuteufenden Bergwerksschächten leicht gehoben und gesenkt werden können.

Die Abb. 95 und 96 zeigen eine dreistufige Brunnenpumpe von R. Wolf, Magdeburg-Buckau. Der Aufbau erfolgt wie bei den normalen mehrstufigen Pumpen aus einzelnen Stufen, die mit den Endgehäusen durch kräftige Schraubenbolzen zusammengehalten sind. Der Saugstutzen befindet sich unten, woselbst auch die Welle durch eine Buchse geführt ist. Der Druckstutzen befindet sich an der obersten Stufe und hat wagerechte Richtung. Die ganze Pumpe ruht auf einem zweiteiligen gußeisernen Fuß, der in dem Brunnenschacht auf Profileisen befestigt

wird. Der Ausgleich des Axialschubes erfolgt durch Schleifränder und
Bohrungen der Laufräder. Zur Aufnahme des Eigengewichtes der umlaufenden Teile ist ein kräftiges Kugelspurlager verwendet, welches
oberhalb der eigentlichen Pumpe an zugänglicher Stelle angeordnet ist.
Da von dem richtigen Arbeiten dieses Lagers der ganze Pumpenbetrieb
abhängt, ist eine besondere Schmiervorrichtung durch Ölschnecke üb-
lich, welche (als flacher Schraubengang ausgebildet) das Öl stets nach oben pumpt und gleichzeitig das Spurlager und auch das Gleitlager dort reichlich schmiert.

Bei kleinen Brunnendurchmessern, z. B. Rohrbrunnen, sind die Pumpen Abb. 95 und 96 nicht geeignet, da sie zu große Abmes-

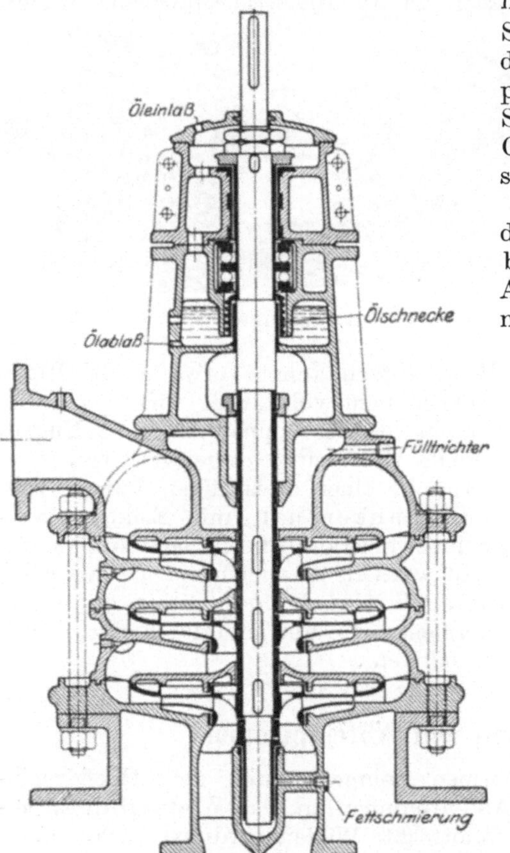

Abb. 95. R. Wolf, Magdeburg-Buckau.

Abb. 96. R. Wolf, Magdeburg-Buckau.

sungen haben. Man verwendet hier Pumpen, welche an der Steigrohrleitung aufgehängt sind, durch welche der Wellenstrang hinuntergeht. Eine
solche Tiefbrunnenpumpe von Weise Söhne, Halle, stellt Abb. 97 dar.
Der antreibende Motor steht über Flur auf einer Traglaterne. An dieser
hängt, vollkommen frei, die Steigrohrleitung und hieran die Pumpe.
Unter der Pumpe schließt sich eine Saugleitung mit Fußventil an. Die
Pumpe kann je nach Förderhöhe ein- und mehrstufig sein. Die Welle
läuft in Führungslagern, die vom Wasser durchströmt werden und eine
Fettschmierung nicht erfordern. Man benutzt entweder Rotgußbuchsen

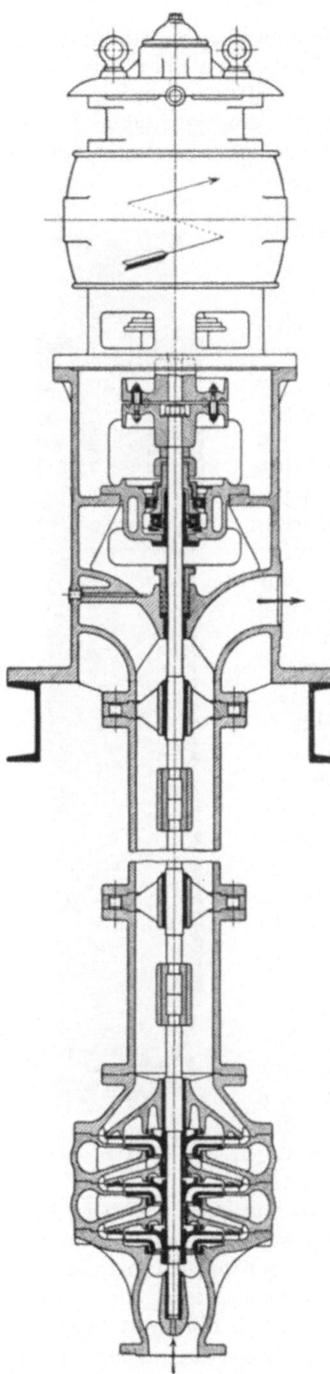

Abb. 97. Weise Söhne, Halle.

mit Längsnuten für das Wasser oder auch Lagerschalen aus einem weichen, zähen Gummi, die ebenfalls genutet sind. Oben ist die Welle an einem Kugelspurlager unterhalb der elastischen Kupplung aufgehängt. Die Firma führt diese Pumpen aus für Lieferungsmengen von $Q = 50$ bis 5000 l/min und für 10 bis 120 m Förderhöhe. Die Brunnen können hierbei bis zu 45 m Tiefe haben, und es genügt bei kleineren Pumpen ein Bohrloch von 250 mm Durchmesser.

Abb. 98 zeigt eine zweistufige Rohrpumpe von Klein, Schanzlin & Becker, Frankenthal. Dadurch, daß kein besonderes Leitrad vorhanden ist, sondern das Wasser in Leitrippen des Umführungskanals weitergeführt und umgelenkt wird, erhält man einen sehr kleinen Außendurchmesser der Pumpe. Die gesamte Aufstellung ist sonst ähnlich wie vorher. Auch hier geht die Welle im Steigrohr hoch und ist darin in kurzen Abständen ge-

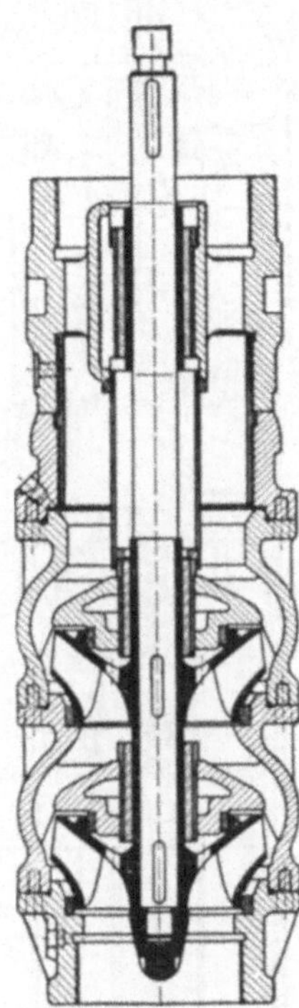

Abb. 98. Klein, Schanzlin & Becker, Frankenthal.

lagert. Das Rohr ist aus Stahl und an das Pumpengehäuse mit Feingewinde angeschraubt.

Eine besondere Bauart haben die Unterwasser-Rohr-Pumpen der Garvenswerke, Hannover-Wülfel, Abb. 99, 100. Am Ende der Steigrohrleitung ist die ein- oder mehrstufige Kreiselpumpe angebracht. Der Antriebsmotor liegt aber jetzt unterhalb der Pumpe, unmittelbar mit ihr gekuppelt. Da der Wasserspiegel im Brunnen häufig in weiten Grenzen schwankt, wird der Motor oftmals unter Wasser liegen. Um ihn vor dem eindringenden Wasser zu schützen, wird durch das Steigrohr mittels einer dünnen Rohrleitung Druckluft von geringem Überdruck dem luftdicht gekapselten Motorgehäuse zugeführt, und diese Luft tritt durch ein federbelastetes Rückschlagventil an der Welle in den Saugkanal der Pumpe wieder aus. Kleinere Motore laufen auch ungeschützt, indem sie durch Strom von geringer Spannung angetrieben werden. Die dargestellte Pumpe hat eine Rohrleitung von 80 mm Durchmesser und einen Außendurchmesser von nur 250 mm. Es werden

$$Q = 900\ \mathrm{l/min}$$

auf $H = 23$ m gefördert. Gebaut werden diese Pumpen aber auch bis zu 120 m Brunnentiefe, und hierbei hängen Pumpe und Motor frei am unteren Ende der Rohrleitung. Die Fördermenge beträgt bis zu 4,0 m³/min.

Die Abb. 101 stellt eine Abteufpumpe von C. H. Jaeger & Co., Leipzig-Plagwitz, dar. Der Aufbau ist ganz ähnlich der Brunnenpumpe (Abb. 95), nur mit dem Unterschiede, daß das Saugrohr unten zweiteilig einmündet und ebenfalls zwei Druckstutzen vorhanden sind. Die Aufhängung der Welle geschieht wieder in einem kräftigen Kugelspurlager mit Ölschneckenschmierung. Der Ölstrom kann durch ein angebrachtes Schauglas beobachtet werden. Die Abbildung zeigt die Lagerung in einem Rahmen aus ⊏-Eisen, der an einem Flaschenzug

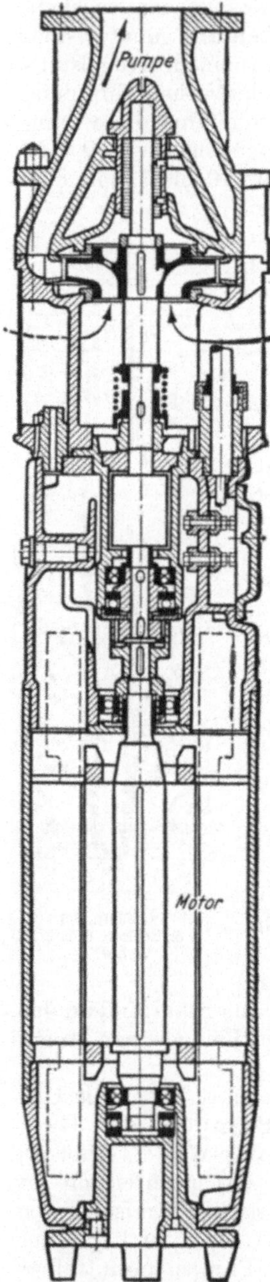

Abb. 99. Garvenswerke, Hann.-Wülfel.

Abb. 100. Rohrpumpe der Garvenswerke.

beweglich aufgehängt ist und nur während des Arbeitens der Pumpe im Schacht verkeilt wird. Man erkennt die beiden Druckrohre, die sich oben unter dem Absperrschieber vereinigen, darunter die Rolle für das Aufhängeseil. Außerdem ist der Antriebsmotor zu sehen, welcher vollkommen spritzwasserdicht gekapselt sein muß. Die an der Seite angebrachte Leiter gibt einen Begriff von den Abmessungen des Ganzen.

14. Selbstansaugende Kreiselpumpen.

Bei der Einleitung im Abschnitt 1 wurde darauf hingewiesen, daß die Kreiselpumpen den Nachteil besitzen, nicht „trocken ansaugen" zu können, was gegenüber den Kolbenpumpen in vielen Fällen als ein großer Mangel empfunden wird. Es muß bei der normalen Kreiselpumpe entweder stets die Pumpe nebst Saugleitung vor dem Anlassen mit Wasser gefüllt werden, wobei ein Fußventil nötig ist, oder aber es wird bei größeren Anlagen eine besondere Luftpumpe angeordnet, die vor dem Anlassen die Luft aus der Leitung absaugt. Allerdings hat man hierbei wieder den Nachteil, daß diese Luftpumpe abgeschaltet werden muß, sobald die Wasserförderung eintritt.

Es soll nun in Nachstehendem auf die besonderen Kreiselpumpen hingewiesen werden, welche sowohl Luft als auch Wasser fördern, welche also als „selbstansaugende Kreiselpumpen" bezeichnet werden. Sie werden heute in kleinerer Ausführung als Hauswasserpumpe, als Kondensatpumpe und als Hilfspumpe bei größeren Wasserwerken verwendet, in größeren Abmessungen als Kühlwasserpumpe und besonders als Feuerlöschpumpe wegen ihrer Betriebssicherheit. Bei leerem Saugrohr wird Wasser aus Tiefen bis zu 9 m sicher angesaugt, und ein Fußventil ist nicht erforderlich.

Die Abb. 102 und 103 zeigen die sog. „Sihi-Pumpe" der Firma Siemen & Hinsch in Itzehoe. Ihre Ausführung ist patentamtlich geschützt, und die Wirkungsweise beim Saugen ergibt sich wie folgt:

Abb. 101. C. H. Jaeger & Co.

Die Pumpe bleibt stets mit Wasser gefüllt, zu welchem Zweck die beiden Stutzen nach oben geführt sind. Das Schaufelrad a dreht sich zwischen den glatten Stirnwänden der Gehäuse b und c. Das Wasser

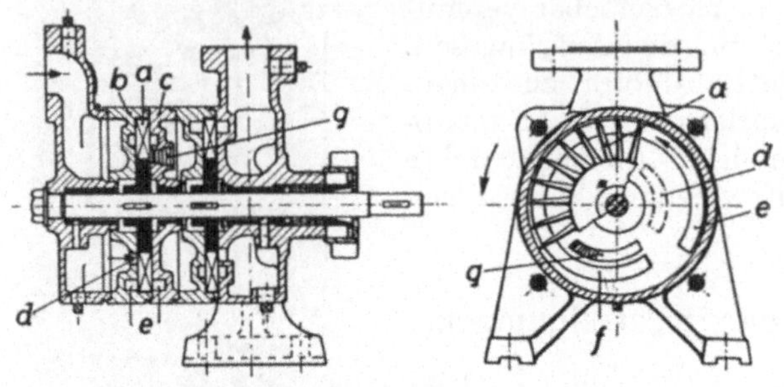

aus den Radzellen wird zunächst in die beiden Spiralnuten e geschleudert und gleichzeitig füllen sich die Zellen durch die Öffnung d mit der aus dem Saugrohr zu entfernenden Luft. Durch die sich verengenden Spiralnuten gelangt nun das auf Druck gebrachte Wasser ein zweites Mal bei f in die Schaufelzellen, die in den Zellen befindliche Luft wird dadurch komprimiert und sofort durch die Drucköffnung g verdrängt.

Abb. 102. Siemen & Hinsch, Itzehoe.

Die Zellen kehren somit stets mit Wasser gefüllt an die Öffnung d zurück, und das Spiel wiederholt sich kontinuierlich. Ist die Luft vollkommen abgesaugt, so tritt Wasserförderung in derselben Weise ein. Bei kleinen Förderhöhen genügt die eine Stufe, bei größeren Höhen wiederholt sich derselbe Vorgang in einer zweiten Radstufe mit derselben Bauart, wie Abb. 102 zeigt. Die Pumpe wird für

Abb. 103. Siemen & Hinsch, Itzehoe.

$Q = 10-100 \,l/min$ bei $n = 1425/min$ ausgeführt. Bei der zweistufigen Pumpe mit 30 mm Stutzenweite werden z. B. $Q = 60 \,l/min$ auf $H = 17 \,m$* gefördert und der Wirkungsgrad beträgt hierbei etwa 30%. Fördert die Pumpe nur Luft, so wird ein Vakuum von fast 10 m und ein größter Kompressionsdruck von 30 m WS erzeugt. Bei Hintereinanderschaltung von vier Stufen werden bei gleicher Drehzahl mit derselben Pumpe 44 m Höhe bei Wasserförderung erreicht.

„Sihi-Pumpen" für größere Wassermengen von 100—1000 l/min werden in der Art der Abb. 104 ausgeführt, d. h. mit einer, sich selbsttätig ausschaltenden Saugstufe für Luftsaugung. Diese Saugstufe a hat dieselbe Bauart wie eine Stufe der Pumpe Abb. 102. Die Luft wird aus dem Raum b gesaugt und entweicht durch den Stutzen über c. Ist der Saugraum b vollständig entlüftet und wird dann Wasser gefördert, so hebt sich augenblicklich die Gummikugel c durch Auftrieb und die

---

* Rechnungsmäßig erhält man bei zwei Stufen nur etwa $H = 6$ m. Daß die Pumpe fast das Dreifache als Förderhöhe erreicht, liegt an einer schraubenartigen Bewegung des Wassers in den Spiralnuten der Pumpe. (Vgl. Ritter, Selbstsaugende Kreiselpumpen und Versuche an einer neuen Pumpe dieser Art. Leipzig: Dr. Jänecke 1930.)

Öffnung dort wird verschlossen. Jetzt tritt eine regelrechte Wasserförderung ein vom Raum *b* nach rechts über eine mehrstufige Kreiselpumpe normaler Bauart mit gutem Wirkungsgrad. Sollte durch Un-

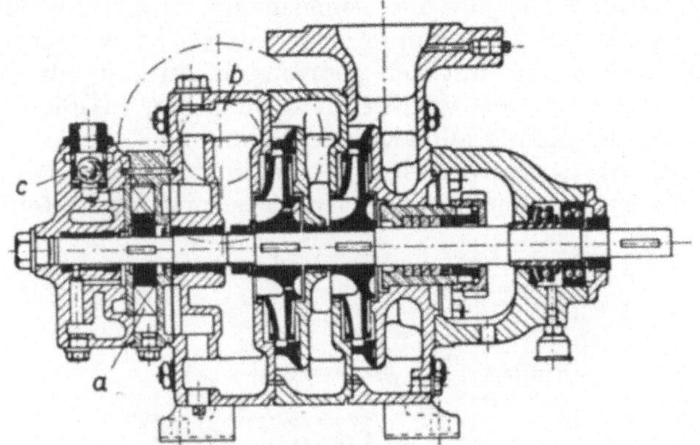

Abb. 104. Siemen & Hinsch, Itzehoe.

dichtigkeit im Saugrohr Luft in den Raum *b* gelangen, tritt sofort wieder die Luftsaugestufe *a* in Tätigkeit.

Die Pumpen beider Ausführungen, Abb. 102 und 104, haben sich gut bewährt, denn sie zeigen eine unbedingt sichere Saugwirkung. Die

Abb. 105. Siemens-Schuckertwerke, Berlin.

größere Bauart wird auch mit unten liegendem Saugstutzen als Feuerlöschpumpe ausgeführt, wobei die einfache Handhabung von Vorteil ist.

Eine weitere Pumpe mit selbsttätiger Ansaugung ist der sog. Elmo-Selbstsauger der Siemens-Schuckertwerke, Berlin, welcher in Abb. 105 dargestellt ist. (Ein Schnittbild war leider nicht erhältlich.)

Die Pumpe ist nach dem System der **Wasserringpumpen**[1] gebaut, welche ursprünglich nur als Luftpumpen ausgeführt wurden. Sie wird wie die Sihi-Pumpe als Hauswasserpumpe und Hilfspumpe für größere Anlagen ausgeführt für eine Lieferungsmenge von 20 bis 80 l/min bei einer Umlaufszahl von 2850/min. Als Wirkungsgrad werden etwa 20 % erreicht. Die Abbildung läßt den gedrängten Aufbau mit dem angeflanschten Motor erkennen, auf dessen verlängertem Wellenstumpf die Laufräder ohne Kupplung aufgekeilt werden.

Abb. 106 stellt die **Feuerlöschpumpe** der **Amag Hilpert**, Nürnberg, dar. Es ist eine mehrstufige Kreiselpumpe mit untenliegendem

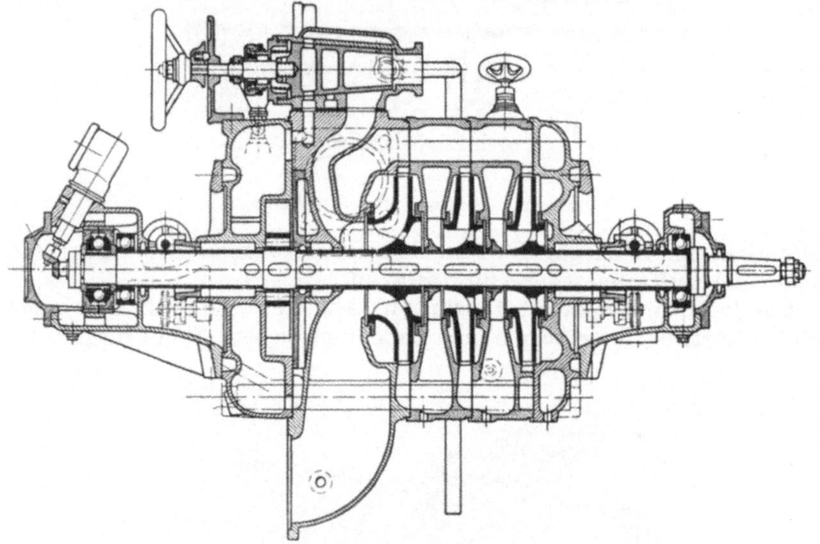

Abb. 106. Amag Hilpert, Nürnberg.

Saugstutzen und an der Seite liegendem Druckstutzen. Der Saugraum steht aber in Verbindung mit einer **Wasserringpumpe** (Patent Siemens-Schuckert), welche links vor der Pumpe in einem besonderen Gehäuse angebracht ist. Ihr Laufrad sitzt auf der verlängerten Welle der Kreiselpumpe, läuft also stets mit. Beim Anlassen der Pumpe wird zunächst die Luft aus der Saugeleitung entfernt bis Wasserförderung eintritt und die eigentliche Kreiselpumpe richtig zu arbeiten beginnt. Alsdann kann die Wasserringpumpe durch einen Umschalthahn, welcher oben angebracht ist und durch ein Handrad bedient wird, abgeschaltet werden, so daß sie nur leer mitläuft. Das Entlüften der Saugleitungen oder Schläuche erfordert nur kurze Zeit. Die Pumpen werden in verschiedenen Größen bis zu $Q = 1000$ l/min und $H = 120$ m gebaut und haben sich gut bewährt.

---

[1] Vgl. z. B.: Z. V. d. I. 1920, Heft Nr. 2: Wasserringpumpen als Staubsauger; ferner: Z. V. d. I. 1926, S. 1573, Selbstsaugende Kreiselpumpen.

IV. Verhalten der Kreiselpumpen im Betriebe.

15. Allgemeines Verhalten der Kreiselpumpen.

Kreiselpumpen können, wie die Betrachtungen in den vorhergehenden Abschnitten zeigten, sowohl für die verschiedensten Wassermengen, wie auch für kleinste und größte Förderhöhen ausgeführt werden, so daß ihr Verwendungsgebiet außerordentlich groß ist und sie von Kolbenpumpen nur wegen des besseren Wirkungsgrades und dann übertroffen werden, wenn es sich um die Förderung kleiner Wassermengen auf große Höhen handelt.

Betrachtet man nun das allgemeine Verhalten einer ausgeführten Kreiselpumpe, so gilt hierüber folgendes: Die Pumpe ist gebaut für eine bestimmte Wassermenge Q und eine bestimmte Förderhöhe H bei einer bestimmten Umlaufszahl n/min, und sie wird, wenn die Konstruktion richtig war, bei diesen Angaben auch ihren besten Wirkungsgrad η haben. Jede Pumpe läßt sich aber auch anderen Betriebsverhältnissen unterwerfen. Ändert man die Umlaufszahl n, so steigt **die Förderhöhe H im Quadrat der Umlaufszahl,** da in der Pumpenhauptgleichung sowohl u_2 wie c_2 mit n steigen müssen. Bezeichnet man die neue Umlaufszahl mit n_1, so ergibt sich also die Proportion:

$$\frac{H_1}{H} = \frac{n_1^2}{n^2}$$

und somit die neue Förderhöhe aus:

$$H_1 = H\,\frac{n_1^2}{n^2}.$$

Die **Wassermenge** Q steigt im einfachen Verhältnis der Umlaufszahl, da bei gleichbleibenden Durchflußquerschnitten Q sich nur mit der Vergrößerung der Relativgeschwindigkeit w ändern kann. Man erhält also hier:

$$\frac{Q_1}{Q} = \frac{n_1}{n}$$

oder:

$$Q_1 = Q\,\frac{n}{n_1}.$$

Die **Antriebsleistung** N muß sich hierbei natürlich dem neuen Q_1 und H_1 entsprechend vergrößern. Es wird sich also, wenn man zunächst einen gleichbleibenden Wirkungsgrad η voraussetzt, die Proportion ergeben:

$$\frac{N_1}{N} = \frac{Q_1 \cdot H_1}{Q \cdot H},$$

oder unter Einsetzen der obigen Werte:

$$\frac{N_1}{N} = \frac{Q \cdot H \cdot n_1 \cdot n_1^2}{Q \cdot H \cdot n \cdot n^2} = \frac{n_1^3}{n^3},$$

d. h. die Antriebsleistung ändert sich mit der dritten Potenz der Umlaufszahl. Nun bleibt aber der Wirkungsgrad erfahrungsgemäß nicht konstant, da nur bei ganz bestimmten Querschnitten, Geschwindigkeiten und Drücken die Reibungs- und Leckverluste in der Pumpe ein Minimum annehmen. Der Wirkungsgrad η wird also sowohl bei kleinerem wie auch bei größerem n etwas abfallen. Bezeichnet man den neuen Wirkungsgrad mit η_1, so wird sich also ergeben:

$$N_1 = \frac{\eta}{\eta_1} \cdot N \cdot \frac{n_1^3}{n_3}.$$

(η_1 muß in den Nenner, weil N_1 größer werden muß.)

Vorstehende Gleichungen berücksichtigen natürlich nur die theoretischen Vorgänge. Um das Verhalten ausgeführter Pumpen im

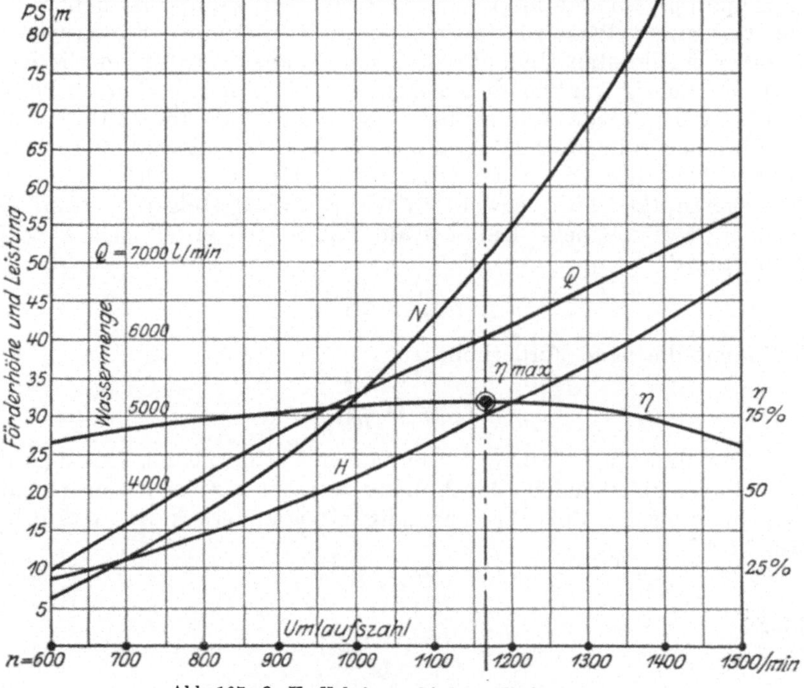

Abb. 107. Q, H, N bei verschiedener Umlaufszahl.

praktischen Betriebe näher zu erläutern, sind in Abb. 107 die Werte für Q, H, N und η bei verschiedenen n/min für eine Leitradkreiselpumpe der Amag Hilpert graphisch aufgetragen. Die Pumpe hat die Bauart Abb. 64 bei einem Saugrohrdurchmesser von 200 l. W. Man sieht eine ganz gute Übereinstimmung mit den aufgestellten theoretischen Betrachtungen. Q steigt etwa auf das Doppelte bei einer Steigerung von $n = 700$ auf 1400/min, während hierbei H auf das Vierfache anwächst. Der höchste Wirkungsgrad $\eta = 0{,}78$ ergibt sich bei einer Förderhöhe von etwa $H = 30$ m und einem $n = 1170$/min. Es wird dabei eine Wassermenge $Q = 6000$ l/min erzielt. Der Wirkungsgrad schwankt von 0,64 über 0,78 auf 0,63 bei den verschiedenen Umlaufszahlen aus den vorher erörterten Gründen. Das Diagramm Abb. 107 gibt also einen ganz guten Überblick über das Verwendungsgebiet einer bestimmten Pumpe, was für den Pumpenbauer von Wichtigkeit ist.

Für die praktische Verwendung einer Kreiselpumpe ist es ferner wichtig, das Verhalten zu kennen bei Änderung der Umlaufszahl, aber gleichbleibender Förderhöhe. Tritt dieser Fall ein, so erhält man z. B. das Diagramm Abb. 108, welches für die gleiche Pumpe wie vorher für $H = 30$ m konstant gezeichnet ist. Q ändert sich nun nicht mehr proportional der Umlaufszahl, sondern, da H konstant ist, tritt eine ganz bedeutend stärkere Steigerung von Q auf, sobald n

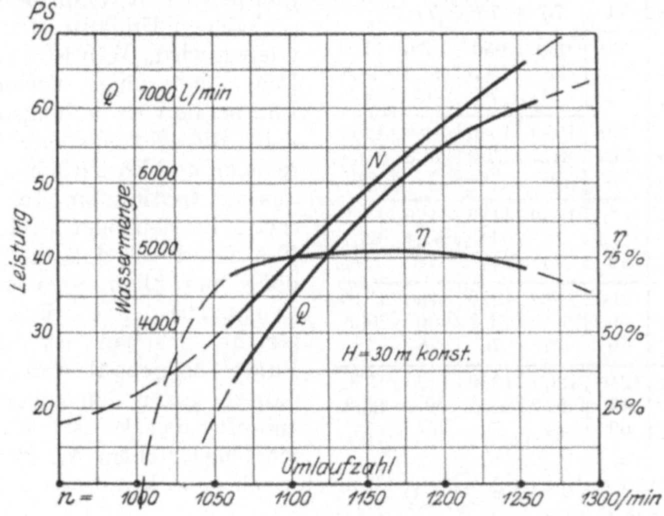

Abb. 108. Q und N bei verschiedener Umlaufszahl und konstantem H.

größer wird. So ergibt sich z. B., daß an bestimmten Stellen mit 1% n-Steigerung bereits 8% Q-Steigerung erzielt wird. Der Wirkungsgrad ist auch hier nicht konstant, sondern er hat bei bestimmten Verhältnissen sein Maximum und fällt nach beiden Seiten hin ab. Geht n unter ein gewisses Maß herunter, so ist die Pumpe nicht mehr imstande, Wasser überhaupt zu fördern. Es dreht sich alsdann das Laufrad im „toten Wasser", wobei ein gewisser Druck infolge der Zentrifugalkraft erzeugt wird, aber das Wasser lediglich mit dem Rade kreist, ohne sich weiter zu bewegen. Infolge der Reibung des kreisenden Wassers an dem nahezu feststehenden Wasserring im Leitrade tritt dann eine Erwärmung auf, so daß dieser Zustand im allgemeinen nur vorübergehend zulässig ist. Wird die Umlaufszahl wieder über dies Minimum gesteigert, so tritt sofort eine erneute Wasserförderung ein.

Die Werte der Diagramme Abb. 107 und 108 sind schließlich in umstehender Tabelle zusammengefaßt, woraus sich auch die weiteren Schwankungen von Q, N und η bei verschiedenen anderen konstanten Höhen $H = 10, 15, 20$ usw. bis 40 m und schwankender Umlaufszahl n

entnehmen lassen. Diese Werte sind auf dem Prüfstande der oben erwähnten Fabrik aufgenommen und lassen das gesamte Verwendungsgebiet der Leitradpumpe von 200 mm Saugrohrdurchmesser in übersichtlicher Weise überblicken.

Fördermenge in Liter/min		3500	4250	5000	6000	7000
10	n	690	725	740		
	N	10,5	12,6	15		
	η	74	75	74		
15	n	795	825	860	900	
	N	15,8	18,6	22,3	28,2	
	η	74	76	75	71	
20	n	900	930	950	1000	1110
	N	21,3	25	29,3	35,6	46,5
	η	73	76	76	75	67
25	n	990	1010	1040	1080	1190
	N	26,7	31,2	37,6	43,3	55,5
	η	73	76	76	77	70
30	n	1070	1090	1125	1170	1250
	N	32,4	38	44	51,4	65,7
	η	72	75	76	78	71
35	n	1150	1175	1220	1250	1310
	N	39	44	51,2	60	74,5
	η	70	75	76	78	73
40	n	1240	1260	1300	1320	1370
	N	45	51	58,5	69,3	85,2
	η	69	74	76	77	73

(Manom. Förderhöhe in Meter)

16. Kennlinien.

Im vorigen Abschnitt wurde gezeigt, wie sich eine Kreiselpumpe verhält, wenn sie mit verschiedenen Umlaufszahlen angetrieben wird. Man ist also in der Lage, bei einer vorhandenen Pumpe die Verwendungsmöglichkeit für verschiedene Wassermengen und Förderhöhen im voraus zu bestimmen. Im praktischen Betrieb liegt nachher der Fall meist so, daß die Förderhöhe, vor allem aber die Umlaufszahl als konstante Größe gegeben ist und die Pumpe so gebaut werden muß, daß sie gegen den vollen Druck anläuft, das Wasser dann mit möglichst hohem Wirkungsgrad fördert und dabei in gewissen Grenzen auch eine Regelung der Wassermenge zuläßt.

Die Förderhöhe H ändert sich in der Regel, sobald die Wassermenge Q verändert wird, wie zunächst theoretisch untersucht werden soll.

Die theoretische Hauptgleichung lautete $H = \dfrac{u_2 \cdot c_{u_2}}{g}$, worin also nun $u_2 = \text{konstant}$ sein soll.

Nach Abb. 109 ist $c_{u_2} = u_2 - x$, wobei $x = c_{m_2} \cdot \operatorname{ctg} \beta_2$. Führt man Q ein, so wird nach den früheren Berechnungen $c_{m_2} = \dfrac{Q}{D_2 \cdot \pi \cdot b_2}$ und in die Hauptgleichung eingesetzt ergibt sich somit:

$$H = \frac{u_2}{g} \cdot \left(u_2 - \frac{Q \cdot \operatorname{ctg} \beta_2}{D_2 \cdot \pi \cdot b_2} \right).$$

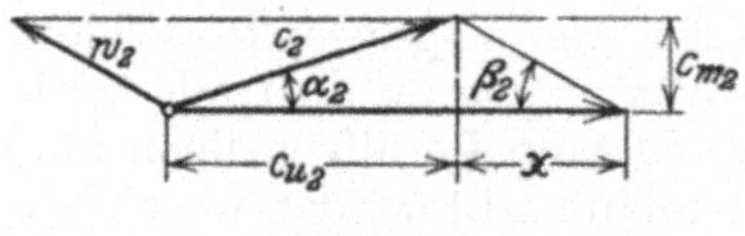

Abb. 109.

Da in dieser Gleichung außer u_2 die Werte $\operatorname{ctg} \beta_2$, D_2 und b_2 konstant bleiben, erhält man:

1. $H = \dfrac{u_2^2}{g}$ für jedes Laufrad, falls $Q = 0$ wird.

2. $H = \dfrac{u_2^2}{g} =$ konstant für ein Rad mit $\sphericalangle\,\beta_2 = 90^0$, da dann $\operatorname{ctg}\beta_2 = 0$ wird.

3. H fällt linear mit wachsendem Q bei den üblichen Schaufeln mit $\beta_2 < 90^0$, da dann $\operatorname{ctg}\beta_2$ ein positiver Wert ist und also der Klammerwert mit wachsendem Q abnehmen muß.

Man erhält also theoretisch das Diagramm Abb. 110. Der praktische Verlauf muß aber natürlich ein anderer sein. Zunächst kann wegen der Veränderung der Strömung bei endlicher Schaufelzahl (vgl. S. 11) überhaupt nicht $H = \dfrac{u_2^2}{g}$ erreicht werden, sondern die H-Linie nimmt etwa den Verlauf der strichpunktierten Geraden an. Dann aber sind die Verluste infolge Reibung, Energieumsetzung und Stoß zu überwinden, so daß die **praktisch** sich ergebende H-Linie in der Regel den Verlauf der Kurve in Abb. 110 annimmt. Dieser Verlauf ist aber

ein anderer bei Leitradpumpen (mit Stoßverlust am Laufradaustritt) und bei leitradlosen Pumpen (ohne Stoßverlust), wie die nachfolgenden praktischen Beispiele zeigen werden. Man nennt die Kurven, welche die Abhängigkeit zwischen Q und H bei $n = $ const angeben, die „Kennlinien" der Pumpe. Eine Vorausberechnung dieser Linien ist einwandfrei nicht möglich, da

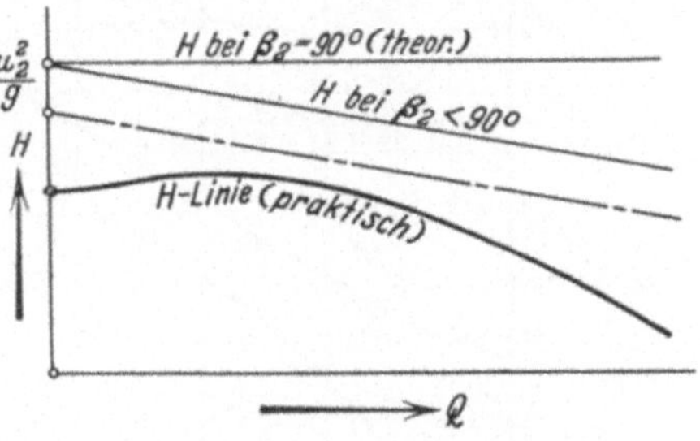

Abb. 110. Änderung von H mit Q.

man die Veränderung der Verluste mit Q und vor allem den veränderlichen Stoßverlust nicht rechnerisch genau erfassen kann.

Die meisten Pumpen werden aber heute vor dem Hinausgehen aus der Fabrik auf dem Prüfstande untersucht, und hierbei werden die **praktisch brauchbaren** „Kennlinien" aufgestellt. Sie geben H, N und η der jeweiligen Wassermenge Q entsprechend an, zeigen, gegen welche Förderhöhe die Pumpe bei geschlossenem Schieber anzuspringen imstande ist, und vor allem auch, in welchen Grenzen die Wassermenge vermittels des Schiebers durch Drosselung geregelt werden kann, ohne daß der Wirkungsgrad zu stark heruntergeht. Auf dem **Prüfstande** sind also folgende Beobachtungen bzw. Feststellungen nötig:

a) Wassermenge Q l/min, welche durch geeichte Meßbehälter oder durch Überfälle oder Meßdüsen festgestellt wird.

b) Förderhöhe H, wobei die Saughöhe in der Regel durch Quecksilbermanometer, die Druckhöhe dagegen durch Federmanometer unter dem Absperrschieber bestimmt wird. H ist also die manometrische Höhe wie sie von der Pumpe erzeugt wird.

c) Antriebsleistung N, entweder durch Messen von Spannung und Stromstärke des antreibenden Motors unter Berücksichtigung von dessen Wirkungsgrad oder durch Dynamometer.

d) Umlaufszahl n, durch Umlaufszähler irgendwelcher Art.

e) Wirkungsgrad η, welcher zu berechnen ist aus der Gleichung:

$$\eta = \frac{\gamma \cdot Q \cdot H}{60 \cdot 75 \cdot N}$$

(vgl. S. 13; aber Q in l/min). Alle Werte werden in rechtwinkligen Koordinaten aufgetragen und zwar Q als Abszissen, dagegen H, N, η für einen bestimmten Wert von n als Ordinaten. Das entstehende Kurvenbild wird daher auch als Q-H-Diagramm bezeichnet.

So zeigt zunächst Abb. 111 die auf dem Prüffelde der Amag Hilpert, Nürnberg, aufgestellten Kennlinien der bereits erwähnten einstufigen Leitradkreiselpumpe mit den Abmessungen, wie sie der Tabelle des vorigen Abschnittes und den Diagrammen Abb. 107 und

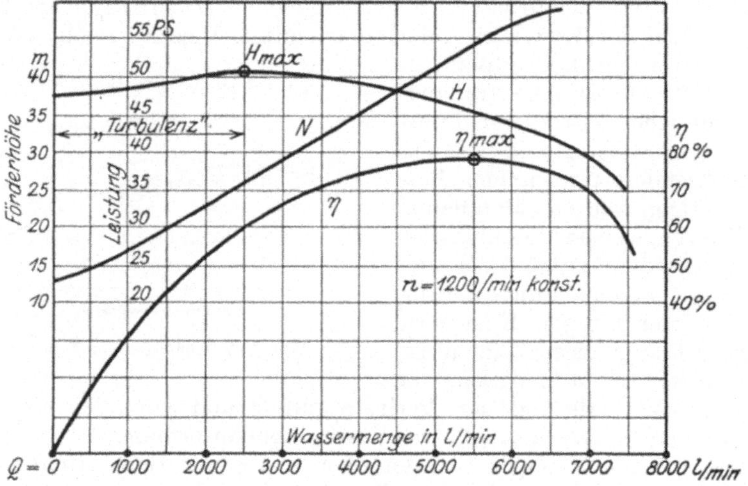

Abb. 111. Kennlinien einer einstufigen Turbinenpumpe.

108 zugrunde lagen, und zwar geltend für $n = 1200/\text{min}$ **konstant.** Man ersieht daraus folgendes:

Bleibt der Absperrschieber zunächst geschlossen und bringt man die Pumpe auf die volle Umlaufszahl $n = 1200/\text{min}$, so ist natürlich keine Wasserförderung möglich $(Q = 0)$, es stellt sich aber an dem Manometer unter dem Schieber eine Druckhöhe ein, die hier (einschl. einer geringen Saughöhe) etwa 37 m beträgt. Das Laufrad arbeitet also im „toten Wasser". Der Antriebsmotor verbraucht zum Drehen des Laufrades und zur Erzeugung der angegebenen Druckhöhe ungefähr 23 PS, eine Leistung, die sich alsbald in einer Erwärmung des Wassers bemerkbar macht, so daß dieser Zustand in der Regel auf nicht zu lange Zeit ausgedehnt werden kann. Öffnet man nun den Schieber allmählich, so beginnt die Wasserförderung, und es macht sich zunächst ein Ansteigen der H-Linie bis zu einem gewissen Maximum bemerkbar. Der Grund, weshalb die H-Linie nach links abfällt, liegt darin, daß sich in der Pumpe erst allmählich ein gleichmäßiger

Strömungszustand einstellt, daß also bei zu kleiner Wassermenge innerhalb der Pumpe Wirbelungen auftreten, welche die Erzeugung der vollen Druckhöhe verhindern. Man nennt daher auch das Stück der H-Linie vom Anfang links bis zum Scheitel: „Turbulenzzone". N und η steigen mit zunehmender Wassermenge stetig an. Wird nun der Absperrschieber weiter geöffnet, so muß natürlich der Drosselwiderstand sinken, d. h. es muß nunmehr H heruntergehen, während Q, η und N weiter steigen. Ein Maximum von η ergibt sich bei den Werten von Q und H, für welche die Pumpe gebaut war, also hier bei etwa $Q = 5000$ l/min und $H = 37$ m, wobei $\eta_{max} = 0{,}78$ beträgt. Geht man noch weiter bis zur vollen Öffnung des Schiebers, so sinken H und η stark herunter bei weiterer Steigerung von Q. Diese Kennlinien, welche also auf dem Prüffelde der Fabrik nur mit Hilfe der Drosselung durch den Schieber aufgestellt sind, stimmen, obwohl dies früher bestritten wurde, merkwürdigerweise gut mit dem Verhalten der Pumpe im Betrieb überein, einerlei ob die Pumpe später als Wasserwerkspumpe oder als Wasserhaltungsmaschine in Bergwerken Verwendung findet. Zahlreiche Nachprüfungen der Kennlinien haben dies bestätigt. Man ist also in der Lage, in verhältnismäßig einfacher Weise das Verhalten der Pumpe im Betrieb mit Hilfe der Kennlinien voraussagen zu können. Soll beispielsweise die Leitradpumpe mit den Kennlinien Abb. 111 als Wasserwerkspumpe Verwendung finden und in einen Behälter speisen, dessen Wasserspiegel nahezu konstant bleibt, so wird die manometrische Förderhöhe im allgemeinen nur etwa $H = 37$ m sein dürfen, damit die Pumpe beim Anlassen gegen das Gewicht der Wassersäule, also die geodätische Höhe mit Sicherheit anspringt und die Wassersäule langsam in Bewegung setzt. Im Notfall kann man sich durch ein Umlaufsventil helfen, durch welches zunächst etwas Wasser innerhalb der Pumpe in Umlauf gesetzt wird, bis der Druck auf den verlangten Betriebsdruck gestiegen ist. Dann wird das Umlaufsventil geschlossen unter gleichzeitiger allmählicher Öffnung des Hauptschiebers. Man erkennt dann weiter aus dem Diagramm, daß die Wassermenge Q in ziemlich weiten Grenzen, z. B. von 3000 auf 5000 l/min, mit Hilfe des Schiebers geregelt werden kann, wobei $H = 37$ m dauernd mindestens erreicht wird und der Wirkungsgrad nicht zu sehr sinkt. Zu beachten ist schließlich noch die eigenartige Tatsache, daß die Antriebsleistung der Pumpe heruntergeht, sobald man den Schieber schließt, und daß sie bei gänzlich geschlossenem Schieber nur etwa ⅓ der normalen Antriebsleistung beträgt.

Was nun den Verlauf der H-Linie anbelangt, so muß diejenige Pumpe am günstigsten sein, bei welcher diese Linie einen möglichst flachen Verlauf besitzt, bei welcher vor allem der Anfangsdruck nicht zu weit unter dem Scheitelpunkt liegt und dieser Scheitelpunkt möglichst weit nach links liegt, die „Turbulenzzone" also kurz ist. Versuche, die darüber mit den verschiedensten Pumpen- und Schaufelformen angestellt wurden, haben übereinstimmend gezeigt, daß dies zu erzielen ist mit rückwärts gekrümmten Schaufeln, wie sie den früheren Berechnungen (Abschn. 7 und 8) zugrunde gelegt wurden.

Einen anderen Verlauf nehmen die H-Linien der Schrauben- und Propeller-Pumpen. Sie beginnen, wie Abb. 112 zeigt, mit H_{max} bei $Q = 0$ und fallen dann gleichmäßig ab. Beim Anlassen ist die erzeugte Förderhöhe fast doppelt so groß als nachher im normalen Betrieb, was natürlich eine große Sicherheit bedeutet. Auch für stark schwankende Höhen sind diese Pumpen geeignet, also für Entwässerungszwecke (Schöpfwerke). In dem Diagramm Abb. 112 sind die Kennlinien von einer Propeller- und einer Schraubenpumpe für eine Umlaufszahl von etwa 1300/min eingetragen, welche jede $Q = 9 \, \mathrm{m^3/min}$ Wasser fördern. Während die Schraubenpumpe hierbei etwa $H = 4{,}5 \, \mathrm{m}$

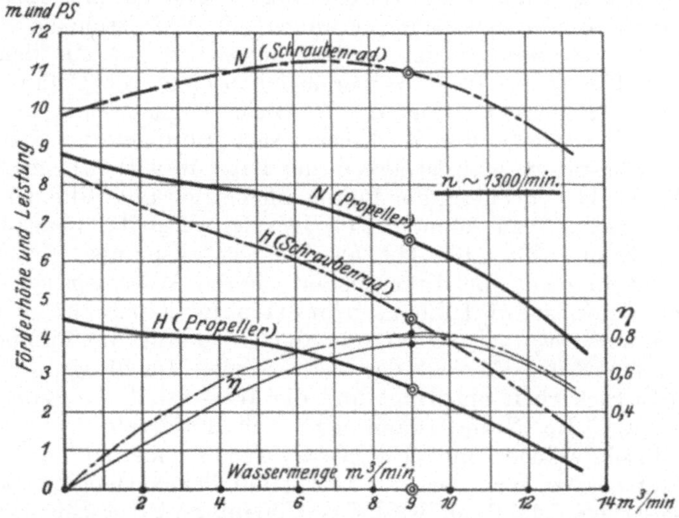

Abb. 112. Kennlinien von Schrauben- und Propeller-Pumpen.

erreicht, kommt die Propellerpumpe nur auf $H = 2{,}6 \, \mathrm{m}$. Die Wirkungsgradkurve verläuft bei beiden Pumpen ähnlich, nur werden im allgemeinen mit Schraubenpumpen etwas höhere Wirkungsgrade erzielt. Beachtenswert ist aber der verschiedene Verlauf der N-Linien. Bei Schraubenrädern liegt der größte Leistungsbedarf in der Nähe des Arbeitspunktes und beim Anlassen ($Q = 0$) ist N kleiner als beim Betriebe. Bei Propellerpumpen ist der Leistungsbedarf beim Anlassen 20 bis 40% höher als bei normaler Förderung, so daß die Motore stets entsprechend bemessen werden müssen, was ein Nachteil ist. Der Grund des höheren Leistungsbedarfes gegenüber Schraubenrädern und vor allem gegenüber gewöhnlichen Kreiselrädern (vgl. Abb. 111) liegt darin, daß bei Axialrädern eine große Wassermenge beim Leerlauf zwischen den Schaufeln kreist, weil die Umfangsgeschwindigkeiten außen und innen verschieden sind.

Es sollen nun noch die **Kennlinien von Hochdruckpumpen**
betrachtet werden. So zeigt z. B. Abb. 113 diese Kennlinien einer
vierstufigen Pumpe von 400 mm Laufraddurchmesser der Firma
Weise Söhne in Halle bei einer konstanten Umlaufszahl $n = 1450/\mathrm{min}$.
Der Wirkungsgrad geht bis auf etwa 76 % herauf bei $Q = 2500\,\mathrm{l/min}$
und $H = 240\,\mathrm{m}$, wobei die Pumpe zum Antrieb $N = 176$ PS verbraucht. Als geodätische Höhe wird man im allgemeinen nicht über
210 m nehmen können, wenn die Pumpe bei geschlossenem Schieber
dagegen anspringen soll. Die Regelung der Wassermenge kann etwa in
den Grenzen 1500 bis 3000 l/min erfolgen, wobei η nicht zu stark abfällt.

Soll nun die Pumpe unter bestimmten Betriebsverhältnissen laufen,
so muß man in das Diagramm die Linie der tatsächlich zu über-

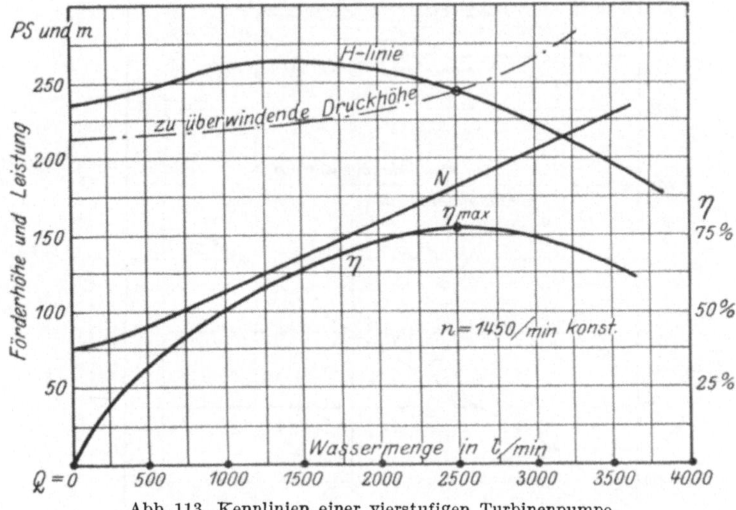

Abb. 113. Kennlinien einer vierstufigen Turbinenpumpe.

windenden Druckhöhe eintragen, wie dies beispielsweise durch die
strichpunktierte Linie geschehen ist. Da die Widerstände in der Rohrleitung mit dem Quadrat der Geschwindigkeiten, also auch der Wassermengen steigen, muß diese Linie eine Parabel sein, die mehr oder
weniger flach verläuft, je nachdem die Rohrleitung beschaffen ist
(vgl. Tabelle auf S. 14). Man nennt diese Parabel die „Kennlinie der
Rohrleitung“. Der Schnittpunkt dieser Linie mit derjenigen der er-
zeugten Förderhöhe (H-Linie) ergibt nun, wenn die Pumpe richtig
ausgenutzt werden soll, den tatsächlichen Arbeitspunkt und dieser
Punkt muß möglichst an der Stelle des besten Wirkungsgrades η_{max}
liegen. Die Pumpe mit den Kennlinien Abb. 113 würde also den besten
Arbeitspunkt bei $H_{man} = 240$ m haben, wobei $\eta_{max} = 0{,}76$ ist und
$Q = 2500\,\mathrm{l/min}$ beträgt.

Beachtenswert sind ferner die Kennlinien Abb. 114, welche bei
einer Wasserhaltungsanlage der Gelsenkirchener Bergwerks A. G. aufgestellt sind. Die Pumpe wurde von C. H. Jaeger & Co. gebaut.

Sie ist zwölfstufig und fördert normal $Q = 2000$ l/min auf rund 900 m
Höhe bei einer Umlaufszahl von $n = 2950$/min konstant. Die Kennlinien wurden zunächst auf dem Prüfstande in der Fabrik aufgenommen
und nachher im Bergwerke nachgeprüft, wobei sich eine gute Übereinstimmung ergab. Man sieht aus der Abbildung, daß die Pumpe
beim Anlassen $(Q = 0)$ mit Leichtigkeit gegen die manometrische
Druckhöhe anfahren kann, daß bei $Q = 2000$ l/min etwa $\eta = 0{,}76$

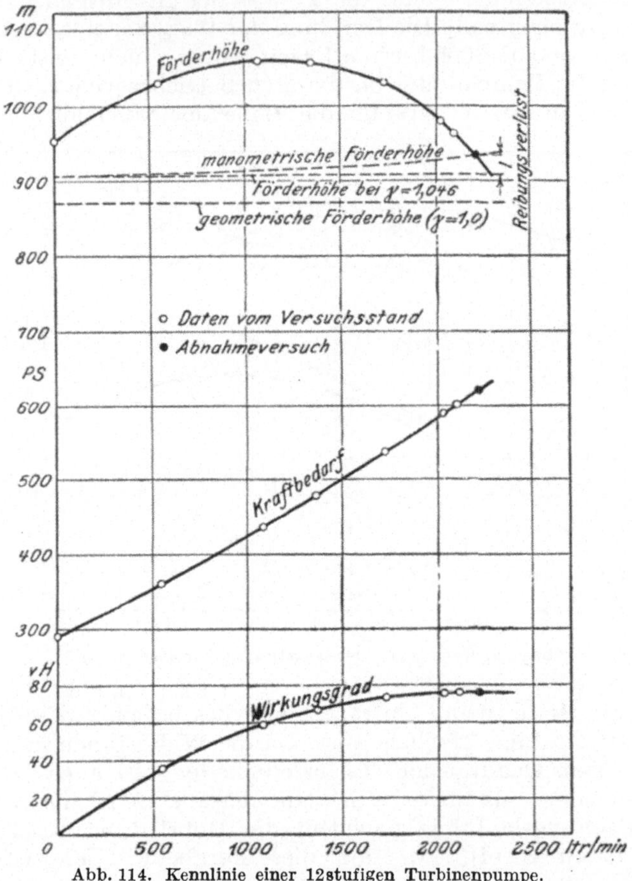

Abb. 114. Kennlinie einer 12stufigen Turbinenpumpe.

erreicht wird und daß auch bei Drosselung auf $Q = 1000$ immerhin
noch etwa $\eta = 0{,}6$ erzielt werden kann. Beim Anfahren beträgt die
Leistung nur $N = 290$ PS gegenüber 620 PS bei normaler Fördermenge.
In der Abbildung sind ferner eingetragen: die gleichbleibende geometrische Förderhöhe von 870 m und die manometrische Höhe, welche
mit etwa 910 m bei kleiner Wassergeschwindigkeit beginnt und bis
auf 930 m bei vollem Betriebe anwächst. Die gesamten Rohrreibungs-
verluste betragen also 40 bis 60 m oder 5 bis 7 % der geometrischen
Förderhöhe.

Der günstigste Arbeitspunkt, als Schnittpunkt der H-Linie mit
der „Kennlinie der Rohrleitung", liegt bei $H = 930$ m, wobei $N = 620$ PS
verbraucht und $Q = 2200$ l gefördert werden.

Welchen Einfluß geringe n-Schwankungen auf das Q-H-Dia-
gramm haben, soll an Hand der Abb. 115 gezeigt werden, die ebenfalls einer Ausführung der Firma Jaeger entstammt. Die Pumpe
macht normal $n = 1445/\text{min}$. Die geometrische Höhe ist 420 m,
während die zu überwindende Höhe durch die strichpunktierte Parabel dargestellt ist. Aus dem Diagramm ersieht man nun, welchen
Verlauf die H-Linien nehmen, wenn die Umlaufszahl normal ist und

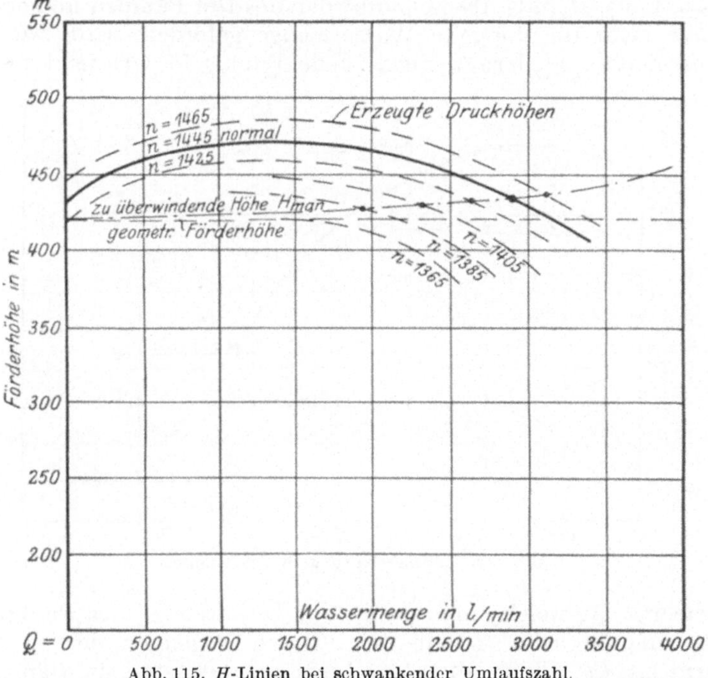

Abb. 115. H-Linien bei schwankender Umlaufszahl.

wenn eine Steigerung bis auf 1465 bzw. eine Verringerung bis auf 1365
eintritt. Bei $n = 1425$ wäre z. B. die Pumpe nicht mehr imstande,
gegen die manometrische Höhe anzufahren. Bei $n = 1365$ fällt die
Pumpe überhaupt ab, d. h. der Scheitelpunkt der betreffenden H-Linie
liegt dann unter der Linie der geometrischen Förderhöhe. Der normale Betriebszustand liegt bei $H_{\text{man}} = 435$ m, $Q = 2900$ l, wobei die
Pumpe einen Wirkungsgrad von 74% erreicht und $N = 380$ PS verbraucht. Aus den jeweiligen Schnittpunkten der H-Linien mit der
„Kennlinie der Rohrleitung", also den Arbeitspunkten, erkennt man
ferner die wichtige Tatsache, daß eine Schwankung der Umlaufszahl
um 1% schon eine Veränderung von Q um 5% und mehr ergibt,
wie dies in ähnlicher Weise schon bei dem Diagramm Abb. 108 beobachtet wurde.

Von Wichtigkeit ist auch die Aufstellung des Q-H-Diagramms, wenn zwei Pumpen auf eine gemeinsame Rohrleitung parallel geschaltet werden, wie dies bei Wasserwerken häufig vorkommt. Man zeichnet die H-Linie einer Pumpe auf wie seither, trägt die Kennlinie oder H_{man}-Linie für die vorhandene Rohrleitung ein, Abb. 116, und erhält den Arbeitspunkt A_1, welcher die Wassermenge Q_1 der Pumpe ergibt. Soll nun eine zweite gleiche Pumpe parallel geschaltet werden, so muß man zunächst eine neue H-Linie aufzeichnen, indem man die Werte H der ursprünglichen H-Linie jetzt über den doppelten Q-Werten aufträgt. Man ermittelt nun den neuen Schnittpunkt mit der H_{man}-Linie, A_2, als Arbeitspunkt der beiden Pumpen und ersieht, daß jetzt nicht die doppelte Wassermenge gefördert wird, wie man erwarten müßte, sondern weniger. Jede Pumpe fördert jetzt nur die

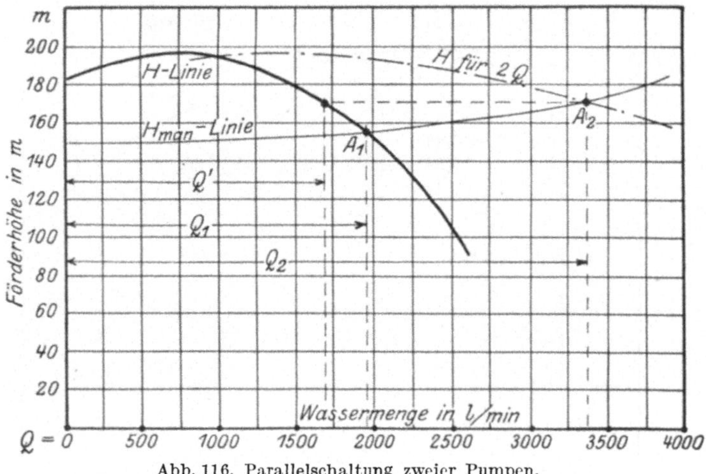

Abb. 116. Parallelschaltung zweier Pumpen.

Wassermenge Q', welche man erhält aus Übertragung des Punktes A_2 auf die ursprüngliche H-Linie bzw. durch Halbieren der gesamten Wassermenge Q_2. Steigt die H_{man}-Linie ziemlich steil an (lange und enge Rohrleitung zum Beispiel) und verläuft die H-Linie recht flach, so könnte es vorkommen, daß man überhaupt keine nennenswerte Mehrförderung durch Zuschalten einer zweiten Pumpe erhält.

Die Kennlinien neuzeitlicher Kreiselpumpen ähneln sich sehr, so daß man heute auf Grund langer praktischer Erfahrungen auch in der Lage ist, auf das Verhalten ähnlicher Pumpen mit gleichen Schaufelformen zu schließen, wenn nur die Kennlinien einer solchen Pumpe vorliegen. Eine Berechnung ist also, weil doch nur ungenau, nicht erforderlich. Trägt man nun solche ähnlich verlaufenden Kennlinien für verschiedene Umlaufszahlen auf, so erhält man das Diagramm Abb. 117[1]. Es sind hier zu den verschiedenen H und Q bei Veränderung von n auch die Wirkungsgrade η aufgetragen, welche

---

[1] Nach Janßen: Z. V. d. I. 1912. S. 1895 u. f.

geschlossene Kurven ergeben. Die Pumpe hat den besten Wirkungsgrad η_1 bei der normalen Wassermenge Q_1, der normalen Förderhöhe H_1 und bei der Umlaufszahl n_1/min. Wird sie benutzt bei einer
Steigerung auf beispielsweise $1{,}2 \cdot n_1$, so entsteht die neue H-Linie,
und es kann nun dieselbe Wassermenge Q_1 auf etwa $H = 1{,}6\,H_1$ gehoben werden, wobei allerdings der Wirkungsgrad auf etwa $0{,}85\,\eta_1$
heruntergeht (Punkt a des Diagramms). Wird die Umlaufszahl da-
gegen auf $0{,}9\,n_1$ herabgesetzt, so würde z. B. $0{,}4\,Q_1$ auf nur etwa $0{,}9\,H_1$

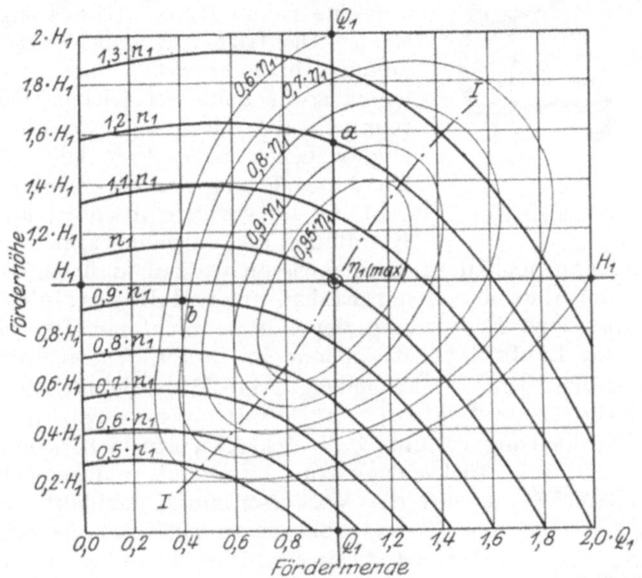

Abb. 117. Allgemeine Kennlinien.

noch gefördert werden (Punkt b). Die Linie II stellt den Verlauf des
besten Wirkungsgrades dar. Die jeweilige Antriebsleistung N läßt
sich aus Q, H und η leicht berechnen, sie kann aber ebenfalls noch
in Kurven in das Diagramm eingezeichnet werden, was hier weg-
gelassen wurde, um das Bild nicht in seiner Anschaulichkeit zu beein-
trächtigen. Jedenfalls liegt aber die Möglichkeit vor, mit Hilfe der
sämtlichen Kennlinien bei veränderter Umlaufszahl das gesamte
Verwendungsgebiet einer bestimmten Pumpe oder Pumpen-
gattung zu veranschaulichen.

17. Regelung der Kreiselpumpen.

Aus den Betrachtungen der vorhergehenden beiden Abschn. 15
und 16 ergab sich: a) Ändert sich n und gleichzeitig H, so steigt und
fällt die Wassermenge Q ungefähr mit der steigenden oder fallenden
Umlaufszahl n (Diagramm Abb. 107).

b) Ändert sich n und bleibt dabei H annähernd konstant, so ist
die Veränderung von Q recht bedeutend, und es entspricht 1% n-Stei-

gerung je nach der Pumpenbauart 3 bis 10% Q-Steigerung (Diagramm Abb. 108 bzw. 115).

c) Wird schließlich n konstant gehalten, so tritt eine durch die „Kennlinien" festgelegte Abhängigkeit zwischen H und Q auf, wie dies an den Diagrammen Abb. 111 bis 115 gezeigt war.

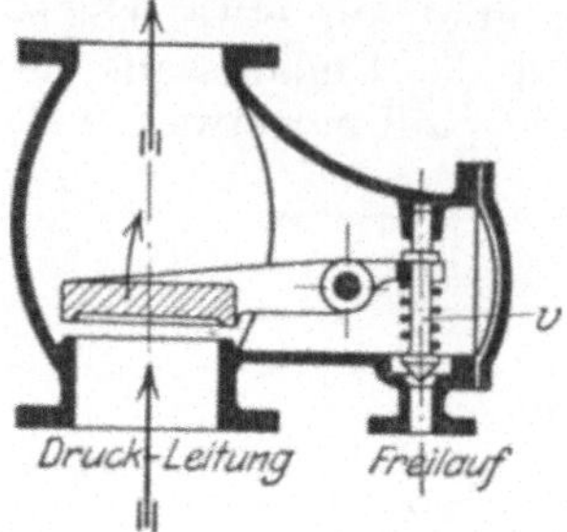

Abb. 118. Umlaufventil.

In den weitaus meisten Fällen werden, wie schon früher erwähnt wurde, sowohl n wie H annähernd konstant sein, so daß man auf eine reine Drosselregelung angewiesen ist. Dies trifft z. B. zu bei Wasserhaltungsanlagen in Bergwerken, bei Preßwasseranlagen, sowie auch bei solchen Kesselspeisepumpen, die durch normale Elektromotore angetrieben werden. In welcher Weise hierbei die Änderung der Wassermenge vor sich geht, ist im vorigen Abschnitt an Hand der Kennlinien ausführlich beschrieben worden.

Hier muß nun noch darauf hingewiesen werden, daß bei der Drosselregelung im allgemeinen der Einbau einer Hilfsvorrichtung nötig wird, damit eine Erwärmung der Pumpe nicht eintritt, falls $Q = 0$ ist, also das Laufrad vorübergehend im „toten Wasser" arbeitet.

Eine solche Hilfsvorrichtung zeigt Abb. 118, schematisch darstellend ein selbsttätiges Umlaufventil von Weise Söhne in Halle. In die Druckleitung ist unterhalb des Absperrschiebers eine kräftige

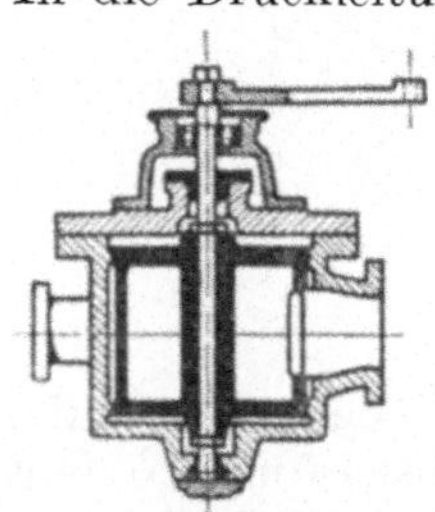

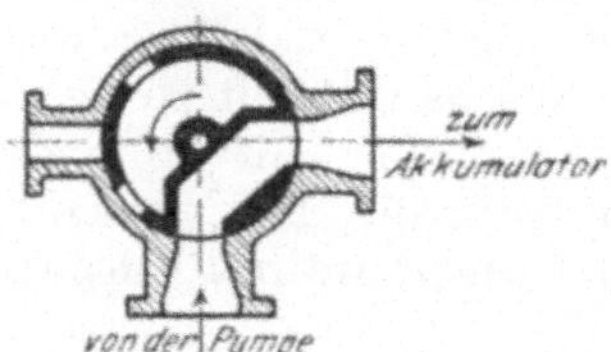

Abb. 119. Steuerschieber.

Rückschlagklappe eingebaut, welche sich schließt, sobald die Wasserströmung nachläßt, sobald also der Wasserverbrauch an der Entnahmestelle geringer oder der Absperrschieber geschlossen wird. Senkt sich die Klappe aber, so wird hierbei das Ventil v geöffnet und eine geringe Wassermenge strömt durch den Freilauf nach dem Saugrohr zurück. Es bleibt daher ein geringer Kreislauf innerhalb der Pumpe bestehen, auch bei vollständig geschlossenem Schieber der Druckleitung, so daß eine Erwärmung des Wassers nicht eintreten kann. Öffnet sich die Rückschlagklappe weit durch einen starken Wasserstrom, so wird das Hilfsventil durch die Feder geschlossen.

Eine weitere Vorrichtung, einen Steuerschieber, ausgeführt von derselben Firma, stellt Abb. 119 dar. Er wird benutzt bei größeren Preßwasseranlagen in Hüttenwerken, und zwar in Verbindung mit dem Preßwasserakkumulator, welcher die Steuerung des Schiebers zu bewirken hat. Geht der Akkumulatorkolben in die Höhe, ist also ausreichend Wasser vorhanden, so wird an einer bestimmten Stelle der Schieber durch ein Steuergestänge geschlossen. Wie der Grundriß der Abbildung zeigt, wird dabei eine kleine Öffnung links freigegeben, durch welche nun eine geringe Wassermenge zwischen Pumpe und Saugbehälter kreist, so daß eine Erwärmung des Wassers nicht eintreten kann, auch wenn längere Zeit kein Wasser gefördert wird und dabei die Pumpe mit normaler Umlaufszahl weiterläuft. Beim Hinuntergehen des Akkumulatorkolbens wird durch das Steuergestänge der Schieber wieder geöffnet.

Besondere Vorrichtungen erfordern schließlich solche Kreiselpumpen, bei welchen die Regelung der Wassermenge durch Änderung der Umlaufszahl bewirkt wird. Bei Elektromotorantrieb verwendet man beispielsweise Gleichstrommotore mit sog. Wendepolen, welche eine Änderung der Umlaufszahl durch Feldregelung zulassen, die in der Regel von Hand bewirkt wird. Auch bei Kesselspeisepumpen mit unmittelbarem Dampfturbinenantrieb ist eine Regelung durch geringe Änderung der Umlaufszahl üblich. Hierbei wird ein selbsttätiger Regler verwendet, und zwar in den meisten Fällen der Hannemann-Regler, Abb. 120. Er ist nach dem Grundsatz gebaut, daß in der Druckleitung der Pumpe stets derselbe Druck herrschen soll, wie er zur Kesselspeisung eben notwendig ist, ein Druck, der etwa 1 bis 1,5 at über der Kesselspannung liegt. Der Regler wird infolgedessen auch als Druckregler bezeichnet. Ein kleiner Hohlraum unter der Membran steht mit der Druckleitung der Pumpe in Verbindung. Auf der anderen Seite der Membran herrscht dagegen der Druck der Dampfleitung vom Kessel nach der Turbine. Die Feder f wird nun so eingestellt, daß das entlastete Doppelventil v

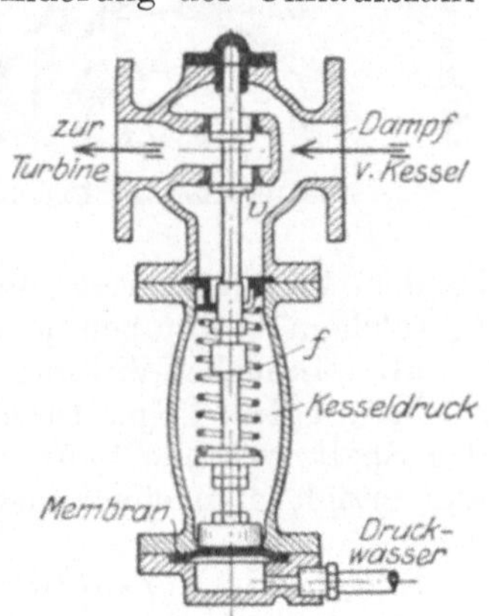

Abb. 120. Druckregler.

sich öffnet, wenn der Wasserdruck unter den normalen Wert heruntergeht[1]. Es wird dann der Dampfturbine Dampf zugeführt, und zwar um so mehr, je weiter der Wasserdruck gesunken ist. Die Turbine läuft rascher, die Pumpe fördert mehr Wasser und der Druck steigt infolgedessen wieder. Umgekehrt wird die Dampfzufuhr zur Turbine vollständig abgestellt, wenn der Wasserdruck zu sehr ansteigt, wenn also nur wenig Wasser gebraucht wird. Es findet also durch den Hannemann-Regler eine gleichzeitige Druck- und Wassermengenregelung statt. An Stelle der Membran kann auch ein kleiner Kolben verwendet werden, wie dies z. B. die AEG, Berlin, ausführt, wobei aber eine gute Abdichtung nötig wird.

Bei den vorstehend beschriebenen Hilfsvorrichtungen wird an der Kreiselpumpe selbst keinerlei Veränderung vorgenommen. Die Rege-

---

[1] Bei neueren Ausführungen liegt die Feder nicht im Innern des Gehäuses, da dies unzweckmäßig ist. Sie wird nach außen verlegt und durch ein Hebelgestänge mit der Ventilstange verbunden (Hannemann, G. m. b. H., Berlin-Frohnau).

lung der Wassermenge erfolgt durch Drosselung oder Veränderung der Drehzahl. Bei sehr großen Pumpen findet man mitunter eine Regelung durch drehbare Leitschaufeln nach Abb. 121. Das erste (schwarze) Stück dieser Schaufeln ist mit einem Zapfen versehen, der durch die Gehäusewand geht. Alle Zapfen werden außen durch einen herumlaufenden Regelkranz gleichzeitig gedreht, wodurch ringsherum die Schaufelweite gleichmäßig verändert wird. Die vollständig geschlossenen Schaufeln nehmen die strichpunktiert gezeichnete Lage ein. Der Vorteil dieser Regelung liegt vor allem darin, daß ein sehr rascher Abschluß möglich ist. Angewandt wurde sie bisher nur bei sog. „Speicherpumpen"[1], z. B. bei dem Schwarzenbachwerk, mit einer Leistung von $Q = 2,2$ m³/sek auf $H = 180$ bis 250 m, sowie

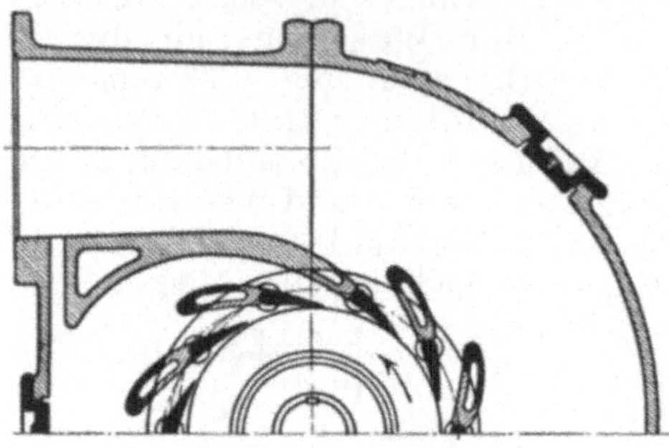

Abb. 121. Drehbare Leitschaufeln.

bei dem 1929 in Betrieb genommenen Speicherkraftwerk Niederwartha, in welchem 8 Pumpen je $Q = 11$ m³/sek auf $H = 140$ m fördern.

Eine ähnliche Wirkung wie durch drehbare Leitschaufeln wird erreicht mit dem „Spaltschieber", einem dünnwandigen Ring, der in den Spalt zwischen Lauf- und Leitrad geschoben werden kann. Auch hier erzielt man einen raschen Abschluß und die Verstellkräfte sind gering.

Eingehende Versuche[2], welche neuerdings mit drehbaren Leitschaufeln und Spaltschiebern gemacht wurden, haben ergeben, daß die Wirkungsgradlinie bei abnehmender Wassermenge hierbei etwas günstiger verläuft als bei Drosselung durch den Absperrschieber. Ferner ist bei $Q = 0$ der Kraftverbrauch um 30 bis 50% niedriger als bei der einfachen Drosselung. Ob dies für praktische Ausführungen von besonderer Bedeutung ist, muß erst die Zeit lehren.

V. Ausführungsbeispiele von Kreiselpumpen-Anlagen.

In folgendem sollen noch einige Beispiele ausgeführter Kreisel-pumpenanlagen betrachtet werden, welche über das große Verwendungsgebiet der neuzeitlichen Kreiselpumpe noch deutlicher Aufschluß geben. Es sind dabei nur bemerkenswerte größere Anlagen betrachtet worden, da die weitverzweigte Anwendung kleinerer Pumpen als allgemein bekannt vorausgesetzt werden muß, oder solche Anlagen, die Besonderheiten aufweisen, wie z. B. solche zur Kesselspeisung. Die

---

[1] Z. V. d. I. 1924, S. 1161 sowie 1929, S. 1156.
[2] Vgl. Siebrecht, W.: Forschungsarbeiten. H. 321, 1929.

gebrachten Beispiele sollen gleichzeitig über die Wirtschaftlichkeit einigen Aufschluß geben, soweit hierüber Angaben zu erhalten waren.

18. Wasserversorgungsanlagen.

Größere Wasserwerke werden heute in der Regel mit Kreiselpumpen ausgeführt, weil neben dem geringen Raumbedarf die Einfachheit der Anlage vielfach eine entscheidende Rolle spielt. Dabei sind trotz des schlechteren Wirkungsgrades gegenüber Kolbenpumpen die Kreiselpumpen heute wirtschaftlicher, weil die Anlage- und Bedienungskosten geringer ausfallen. Man findet nun bei diesen Wasserwerken sowohl elektrischen Antrieb als auch Antrieb durch Dampfturbinen. Beide Arten sollen in einigen Beispielen betrachtet werden.

Abb. 122. Wasserversorgungsanlage Niederstotzingen. Klein, Schanzlin & Becker.
(5 Pumpen von zusammen 144 m³/min.)

Eine große Wasserversorgungsanlage mit elektrischem Antrieb ist in den Abb. 122 und 123 dargestellt. Sie gehört zur württembergischen Landeswasserversorgung und befindet sich in Niederstotzingen bei Ulm. Die Pumpen wurden von Klein, Schanzlin & Becker, Frankenthal, geliefert, während der elektrische Teil von den SiemensSchuckert-Werken stammt. Aufgestellt sind in einem großen übersichtlichen Raum (Abb. 122) fünf Pumpensätze für eine Gesamtleistung von 144 m³/min, also stündlich 8640 m³. Die einzelnen Pumpen haben dabei folgende Leistungen:

$$\begin{array}{llll}
\text{Pumpe} & \text{I:} & Q = 1150 \text{ m}^3/\text{std}, & H = 108 \text{ m}, & N = 600 \text{ PS} \\
\text{,,} & \text{II:} & Q = 1550 \text{ ,,} & H = 120 \text{ ,,} & N = 1020 \text{ ,,} \\
\text{,,} & \text{III:} & Q = 1650 \text{ ,,} & H = 121 \text{ ,,} & N = 1010 \text{ ,,} \\
\text{,,} & \text{IV:} & Q = 1970 \text{ ,,} & H = 130 \text{ ,,} & N = 1280 \text{ ,,} \\
\text{,,} & \text{V:} & Q = 2300 \text{ ,,} & H = 137 \text{ ,,} & N = 1500 \text{ ,,}
\end{array}$$

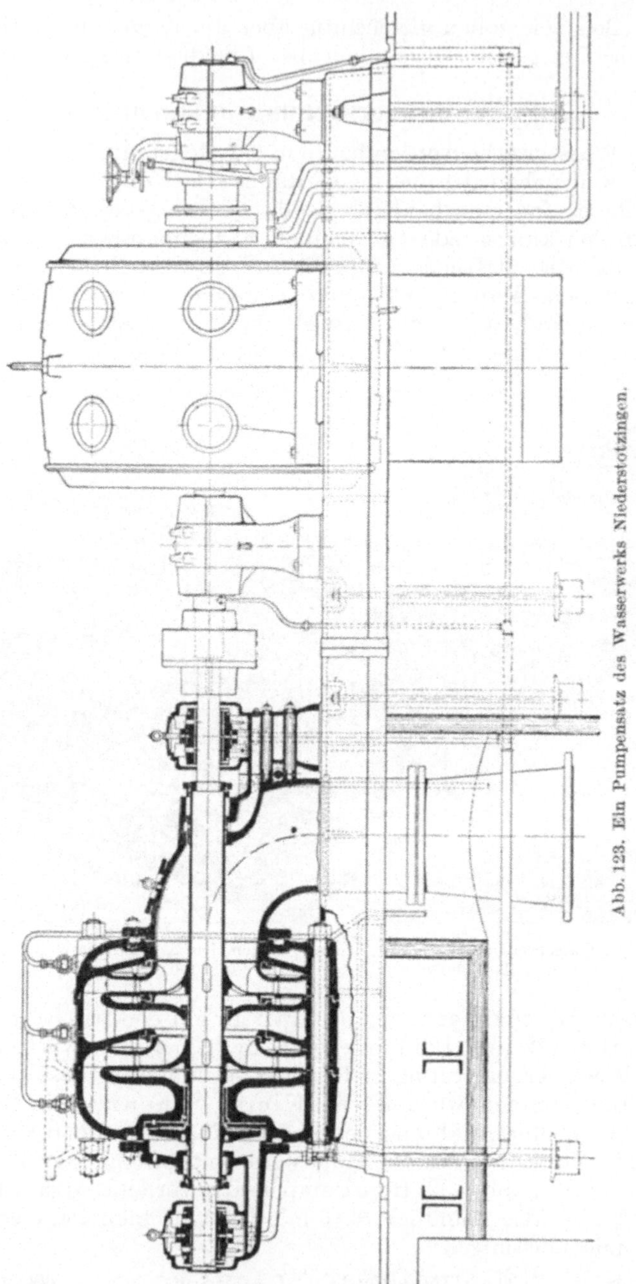

Abb. 123. Ein Pumpensatz des Wasserwerks Niederstotzingen.

Die Umlaufszahl aller Pumpen ist 980/min, da sie durch normale Drehstrommotore von 50 Perioden und 3000 Volt angetrieben werden. Wie Abb. 123 im Schnitt zeigt, sind die Pumpen als zwei-

stufige Turbinenpumpen ausgeführt; jede Stufe ergibt also eine
Druckhöhe von 55 bis 70 m. Lauf- und Leiträder sind nach dem Grundsatz gebaut, daß durch gute wirbelfreie Führung, durch geringe Geschwindigkeiten und durch saubere Bearbeitung die hydraulischen
Verluste verringert werden können. Es sind daher reichliche Quer-
schnitte und stark abgerundete Kanäle ausgeführt worden. Als Entlastungsvorrichtung ist der früher eingehend besprochene Entlastungsteller hinter der zweiten Stufe gewählt, welcher sich auch bei den
großen Abmessungen sehr gut bewährt. Die Welle ist in zwei kräftigen
Ringschmierlagern mit Wasserkühlung gelagert. Die Stopfbuchsen
werden, da sie entlastet bzw. mit Druckwasserverschluß versehen sind,
nur ganz leicht angezogen, so daß der mechanische Wirkungsgrad

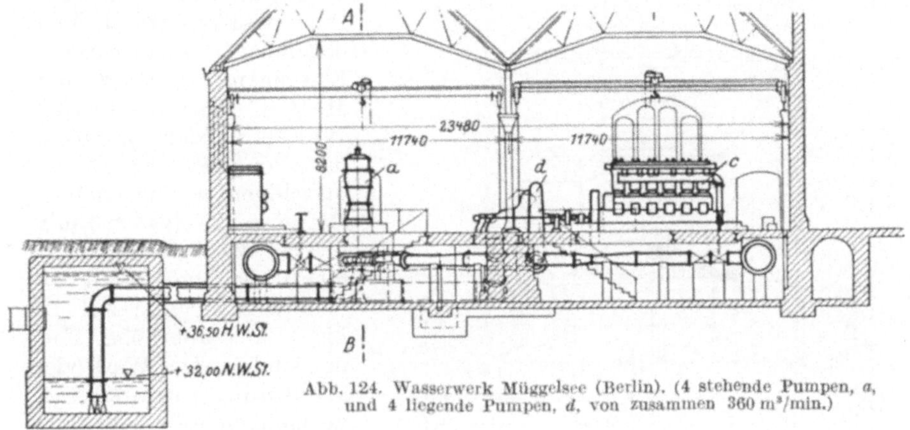

Abb. 124. Wasserwerk Müggelsee (Berlin). (4 stehende Pumpen, a,
und 4 liegende Pumpen, d, von zusammen 360 m³/min.)

ebenfalls sehr günstig ist. Als Gesamtwirkungsgrad des Pumpen-
satzes wurde daher bei den Abnahmeversuchen fast 80% erzielt.

Was die Verwendung der fünf Pumpensätze anbelangt, so gilt
darüber folgendes: Jeder Satz soll für sich allein verwendet werden
können, die Pumpen II und IV, oder II und V müssen aber zu Zeiten
größeren Wasserbedarfs auch parallel arbeiten. Gemäß dieser Be-
dingung wurden die Pumpen I, III, IV und V derart gebaut, daß jede
ihre Höchstleistung mit dem besten Wirkungsgrad hergibt, Pumpe II
dagegen arbeitet nicht bei ihrer Höchstleistung mit ihrem besten Wirkungsgrad, sondern bei einer etwas kleineren Leistung, die dem
Parallelbetrieb mit Pumpe IV oder V entspricht. Die Förderhöhen
setzen sich zusammen aus der vakuummetrischen Saughöhe, die je
nach Fördermenge und Grundwasserstand zwischen 2 und 7 m schwankt,
und der manometrischen Druckhöhe. Die geodätische Druckhöhe ist
konstant 91,3 m. Die Widerstandshöhen wechseln aber entsprechend
den Fördermengen, da die Druckleitung die außerordentlich große
Länge von 36 km aufweist. Bei solchen langen Leitungen mit
großen Lichtweiten besitzen die gebräuchlichen Widerstandsformeln
keine genügende Sicherheit. Bei Inbetriebnahme der Pumpen zeigte

sich denn auch, daß die errechneten Widerstandshöhen viel zu groß waren gegenüber den tatsächlichen. Wegen dieser anfänglichen Schwierigkeit war nach der ersten Inbetriebnahme der Pumpen ein Umbau nötig, nach dessen Beendigung die Abnahmeversuche die Leistungen ergaben, welche in der Aufzählung zusammengestellt waren.

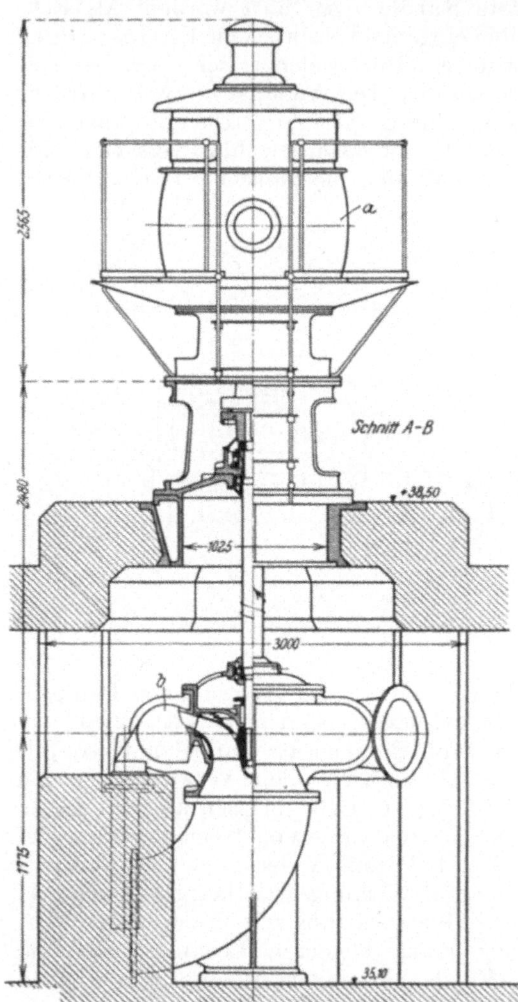

Abb. 125. Stehende Schraubenpumpe. ($Q = 70$ m³/min auf $H = 40$ m.)

Eine beachtenswerte Wasserversorgungsanlage ist ferner das Werk Müggelsee der Stadt Berlin, Abb. 124, welches 1927 für eine Förderleistung von 360 m³/min = 21600 m³/h ausgebaut wurde und acht Pumpensätze enthält. Vier liegende zweistufige Kreiselpumpen, *d*, der Maffei-Schwartzkopff-Werke werden unmittelbar von Deutzer Dieselmaschinen, *c*, angetrieben. Bei $n = 225$ bis 265/min liefern zwei Pumpen je 50 m³/min, die andern beiden je 25 m³/min auf 28 bis 44 m Förderhöhe. Ferner sind in dem Werk vier stehende Pumpen, *a*, vorhanden, welche von der „Vereinigung Deutscher Pumpenfabriken", Abt. Geue, geliefert wurden. Diese Pumpen haben, wie Abb. 125 zeigt, Schraubenräder mit geräumigem Sammelgehäuse, *b*, und werden unmittelbar von Drehstrommotoren der S.S.W., *a*, angetrieben mit einer Umlaufzahl von 980/min. Die mittlere Förderleistung ist bei zwei Pumpen 70 m³/min, bei zwei Pumpen 35 m³/min

bei gleicher Förderhöhe wie vorher. Der gesamte Wirkungsgrad der stehenden Pumpen hat sich zu 0,74 ergeben. Die Anlage ist insofern bemerkenswert, als sie in einem Raum untergebracht ist, in welchem vorher Dampfkolbenpumpen standen, welche zusammen gerade die Hälfte der oben angegebenen Gesamtleistung aufbrachten.

Ein Wasserwerk mit Dampfturbinen-Antrieb ist z. B. das Werk Beelitzhof I der Stadt Charlottenburg, welches in Abb. 126 wiedergegeben ist. Es sind hier zwei Pumpensätze für je $Q = 40\ \mathrm{m^3/min}$ und eine Förderhöhe von 65 bis 105 m aufgestellt. Die Pumpen sind einstufige Leitradkreiselpumpen mit parallel geschalteten Laufrädern, also einer Bauart ähnlich der früheren Abb. 67.

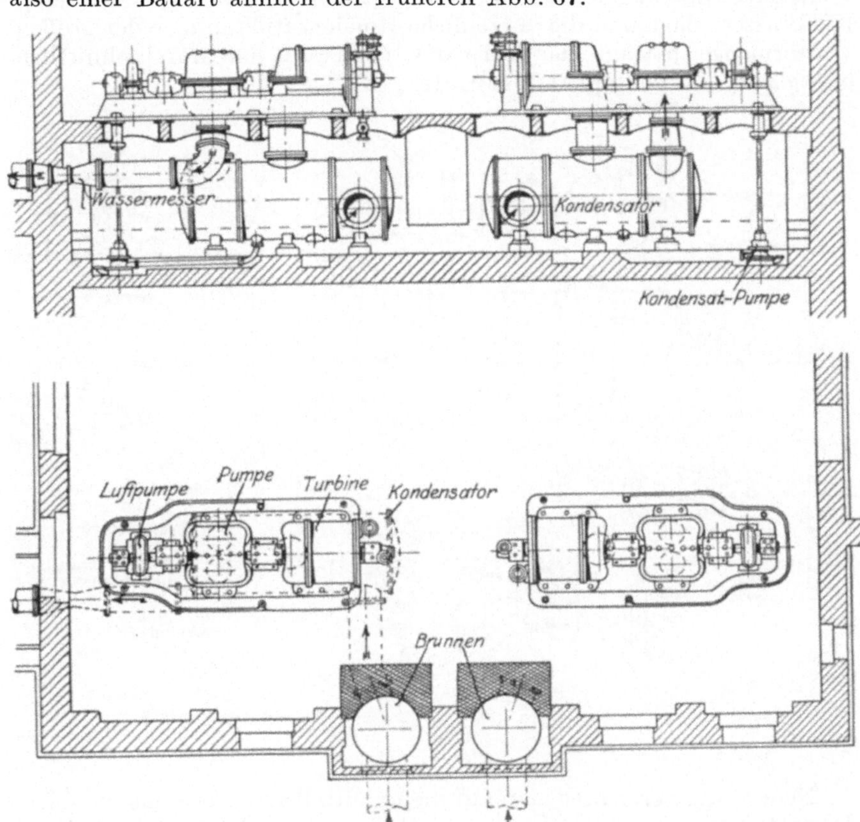

Abb. 126. Wasserwerk Beelitzhof I. — Gesamtanordnung. (2 Pumpensätze von je 40 m³/min auf $H = 100$ m.)

Die Dampfturbinen haben die bekannte Bauart der AEG mit Hochdruck-Geschwindigkeitsstufen und mehreren Druckstufen im Niederdruckteil. Sie machen 1850 bis 2200 Umläufe/min und werden durch Zusatzdüsen von Hand geregelt, falls eine Mehrbelastung auftritt. Wie Abb. 126 zeigt, sind Turbine und Pumpe eng gekuppelt und sitzen auf einer gemeinsamen Grundplatte auf dem Flur des Maschinenhauses. Der Kondensator liegt unter der Pumpe parallel zu ihrer Achse und wird durch das geförderte Wasser gekühlt, welches in seiner ganzen Menge durch den Kondensator gesaugt wird. Eine besondere Kühlwasserpumpe fällt also weg, wodurch die Anlage sehr einfach wird.

Die Erwärmung des geförderten Wassers ist nicht nennenswert und beträgt höchstens 1⁰ C. Zur Erzeugung des Vakuums im Kondensator dient eine Schleuderluftpumpe, welche auf der verlängerten Hauptwelle sitzt. Das Kondensat wird durch eine Kreiselpumpe mit senkrechter Welle abgepumpt, die mittels eines Schneckengetriebes vom Wellenende aus angetrieben wird. Durch den Wegfall der besonderen Kühlwasseranlage und die vorzügliche Kondensation infolge der großen Wassermenge beträgt der Dampfverbrauch nur durchschnittlich 6,3 kg pro „Wasserpferdestunde".

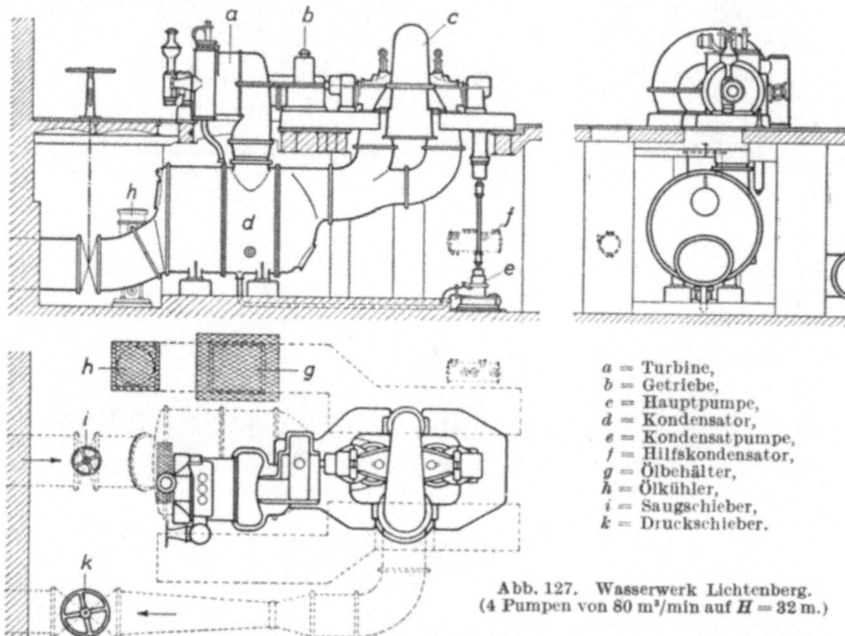

Abb. 127. Wasserwerk Lichtenberg.
(4 Pumpen von 80 m³/min auf $H = 32$ m.)

Neuerdings verzichtet man auf die unmittelbare Kupplung zwischen Dampfturbine und Kreiselpumpe, weil die wirtschaftlichen Drehzahlen der Dampfturbinen wesentlich höher liegen als diejenigen der Pumpen. Man schaltet daher Stirnradvorgelege zwischen Antriebsmaschine und Pumpe mit Übersetzungen von 1 : 5 bis 1 : 10 ein. Eine solche Anlage enthält z. B. das Werk Lichtenberg der Berliner Städt. Wasserwerke, in welchem vier Dampfturbopumpen von der AEG, Abb. 127, aufgestellt sind. Die Dampfturbinen haben eine Drehzahl von 4650 bis 5470/min und durch ein Stirnräderpaar mit Schrägzähnen wird diese Drehzahl auf 605 bis 710 herabgesetzt. Die Pumpen sind einstufig mit doppelseitigem Einlauf und haben Leit- und Laufräder aus Bronze. Sie liefern durchschnittlich je 80 m³/min auf 32 m manometrische Höhe. Wie die Abbildung zeigt, ist auch hier der Kondensator unter Flur aufgestellt, und die gesamte Wassermenge wird als Kühlwasser hindurchgesaugt. Es soll sich hierbei nur eine Erwärmung

um ½⁰ C ergeben. Die Kondensatpumpe wird, wie bei der Anlage Beelitzhof, durch die senkrechte Welle angetrieben. An Stelle der Schleuderluftpumpe ist aber ein Dampfstrahl-Luftsauger mit Zwischenkonden-
sation getreten.

Ein ähnliches Werk von der AEG., Wasserwerk Johannisthal der Charlottenburger Wasserwerke, zeigt Abb. 128. Auch hier
ist ein Stirnradgetriebe zwischen Turbine und Pumpe geschaltet mit
einer Übersetzung von 1:5 etwa. Die Pumpe ist aber dreistufig und

Abb. 128. Wasserwerk Johannisthal (Charlottenburg). (2 Pumpen für je 50 m³/min auf $H = 80$ m.)

fördert 50 m³/min auf 65 bis 95 m Höhe. Im ganzen hat die AEG
für die Wasserversorgung von Groß-Berlin vier ältere Dampfturbopumpen und 13 neuzeitliche Getriebe-Dampfturbopumpen für eine
gesamte Fördermenge von 52000 m³/h geliefert.

Durch die günstigen Drehzahlen von Turbine und Pumpe ergibt
sich ein Gesamtwirkungsgrad, der trotz des Vorgeleges günstiger ist
als bei direkter Kupplung. Die spezifische Förderarbeit des Dampfes
beträgt bei dem Lichtenberger Werk 62,5 mt auf 1 kg Dampf, was um-
gerechnet etwa 4,5 kg Dampfverbrauch für die „Wasserpferdestunde" entsprechen würde.

19. Hauswasserversorgung.

Wegen der Einfachheit der Anordnung und Bedienung, sowie
wegen des geringen Raumbedarfes gegenüber Kolbenpumpen werden
heute Kreiselpumpen mehr und mehr auch zur Hauswasserversorgung
verwendet. Allerdings handelt es sich dabei um die Förderung nur
kleiner Wassermengen, so daß der Wirkungsgrad in der Regel nicht
hoch ist und daher von einer besonderen Wirtschaftlichkeit nicht
die Rede sein kann.

Die Kleinwasserpumpen erhalten in der Regel unmittelbaren
Antrieb durch Elektromotore mit hoher Umlaufszahl. Sie werden je

nach Förderhöhe ein oder mehrstufig gebaut und zwar durchschnittlich für Wassermengen von 30 bis 100 l/min. In besonderen Fällen können natürlich auch die Leistungen erhöht werden. Eine solche Pumpe,

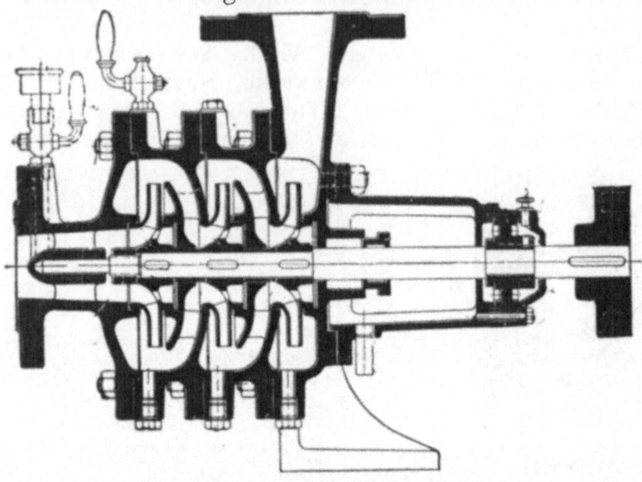

Abb. 129. Dreistufige Hauswasserpumpe.

welche ein- bis dreistufig ausgeführt wird, zeigt Abb. 129, die „Kleinodpumpe" von Klein, Schanzlin und Becker, Frankenthal. Es sind hier keine besonderen Leiträder vorhanden, sondern nur Umführungs-

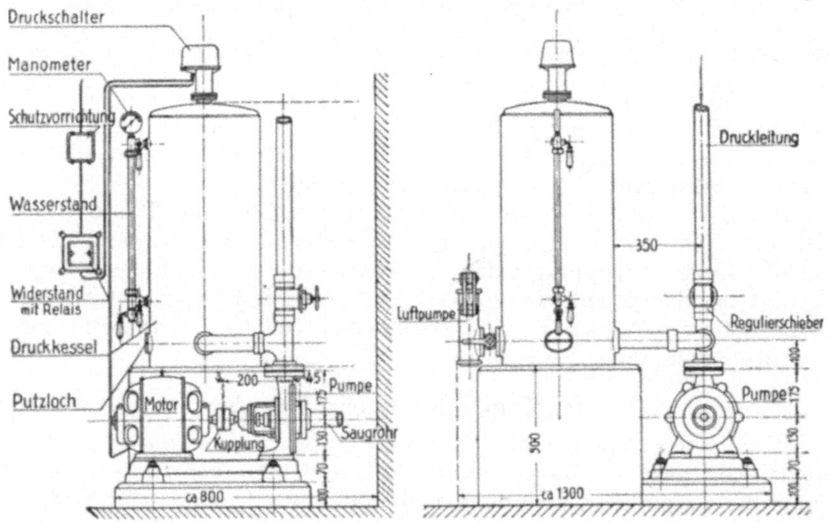

Abb. 130. Elektrisch betriebenes Hauswasserwerk.

kanäle, da es nur auf Einfachheit und weniger auf hohen Wirkungsgrad ankommt.

Die Aufstellung erfolgt meist wie in Abb. 130 dargestellt ist. Pumpe und Motor sitzen auf einer gemeinsamen Fundamentplatte.

Die Saugleitung trägt unten einen Saugkorb mit Fußventil, da die Leitung bis zur Pumpe angefüllt sein muß, wenn die Pumpe beim Anlassen Wasser fördern soll. Das Anfüllen kann im Bedarfsfall durch einen Fülltrichter auf der Saugleitung geschehen. Aus dem Druckstutzen der Pumpe gelangt das Wasser in einen Windkessel, welcher als Wasserspeicher dient. Die Windkessel werden in verschiedener Größe von 150 bis 1000 l Inhalt gebaut und sitzen entweder unmittelbar auf der Pumpe oder auch dicht daneben auf dem Fundament. Aus dem Windkessel bringt dann eine Rohrleitung das Wasser zu den Entnahmestellen.

Die Bedienung der Anlage erfolgt in der Regel selbsttätig durch einen am Windkessel befestigten automatischen Druckschalter. Sobald der Druck im Windkessel infolge von Wasserverbrauch unter ein gewisses Maß gesunken ist, erfolgt durch den Druckschalter die selbsttätige Einschaltung des Motors und der Pumpe. Sobald der zulässige Maximaldruck wieder erreicht ist, tritt die Anlage automatisch außer Tätigkeit. Erfolgt der Antrieb durch Drehstrom, so kann das Anlassen der Motore in der Regel ohne Vorschaltwiderstand erfolgen. Bei Verwendung von Gleichstrommotoren ist jedoch der Druckschalter meist mit einem Anlaßwiderstand vereinigt. Ein besonderes Relais sorgt aber dafür, daß dieser Widerstand kurz geschlossen wird, sobald der Motor seine normale Umlaufszahl erreicht hat.

Abb. 131. Sihi-Automat.

Die beschriebene Anlage mit Windkessel ist am gebräuchlichsten, weil sie einfach und übersichtlich ist. Sie wird in der Regel im Keller aufgestellt, wodurch das Wasser im Sommer kühl gehalten und im Winter gegen Einfrieren geschützt wird. Neben dieser Anordnung ist aber auch eine solche mit Hochbehälter zu finden, wobei an Stelle der Druckschaltung eine solche durch einen Schwimmer tritt.

Da bei Kleinwasserpumpen besonderer Wert auf unbedingte Betriebsbereitschaft gelegt wird, werden hier mit Vorteil die selbstsaugenden Kreiselpumpen (Abschn. 14) verwendet. Kleine Undichtigkeiten am Fußventil oder an den Flanschen der Saugleitung können bei einer gewöhnlichen Kreiselpumpe schon zu empfindlichen Betriebsstörungen führen. Die „Selbstsauger" fördern dagegen auch nach langer Ruhepause das Wasser sicher aus Saugtiefen von 7 m und mehr. Ihre Aufstellung für Kleinwasserwerke erfolgt im übrigen ähnlich wie an Hand der Abb. 130 beschrieben war. Ganz kleine Anlagen nehmen hierbei nur außerordentlich wenig Raum ein, wie z. B.

der „Sihi-Automat" (Abb. 131), von Siemen & Hinsch, Itzehoe, zeigt. Auf einer Grundplatte sind Motor und selbstsaugende Pumpe für $Q = 35$ l/min und $H = 12$ m, sowie ein Kessel von 40 l Inhalt mit Druckschalter und sonstigem Zubehör aufgestellt. Die ganze Anlage hat einen Grundriß von $750 \cdot 600$ mm.

20. Bergwerkswasserhaltungen.

Die Forderungen einer möglichst großen Betriebssicherheit, einer einfachen Bedienung und eines kleinen Raumbedarfes, welche im Bergbau noch in viel höherem Maße als sonst aufgestellt werden, haben dazu geführt, daß dort Hochdruck-Kreiselpumpen in scharfen Wettbewerb mit Kolbenpumpen getreten sind. Wie sehr die Raumfrage zugunsten der Kreiselpumpe gelöst wird, zeigte bereits die

Abb. 132. Wasserhaltungsanlage der Zeche „Augusta Viktoria". (2 Pumpensätze von je 3,5 m³/min auf $H = 780$ m.)

Gegenüberstellung in der früheren Abb. 2, woselbst an die Stelle einer Dampfkolbenpumpe etwa 5 Hochdruckkreiselpumpen gleicher Leistung treten können. In manchen Bergwerken liegt zwar die Möglichkeit vor, widerstandsfähige Kammern zur Unterbringung größerer Maschinen zu schaffen; in anderen, wie z. B. Braunkohlengruben, macht es dagegen außerordentliche Schwierigkeiten, auch selbst kleine Maschinenkammern unter Tag aus dem wenig festen Gebirge „auszuschießen". Was die Betriebssicherheit anbelangt, so ist besonders auf die sichere Zuleitung der Energie zur Antriebsmaschine Rücksicht zu nehmen, was natürlich stets zugunsten des elektrischen Antriebes mit raschlaufendem Motor spricht. Schließlich ist die Wirtschaftlichkeit auch im Bergwerksbetriebe ausschlaggebend, und es haben die neueren Anlagen in vielen Fällen gezeigt, daß eine Kreiselpumpe wirtschaftlicher als alle anderen Wasserhaltungsmaschinen arbeiten kann, wie folgender Vergleich zeigen möge. Die unterirdische Dampfkolbenpumpe, welcher durch eine Rohrleitung der Dampf von der über Tag stehenden Kesselanlage zugeführt werden muß, hat einen Dampfverbrauch von 10 bis 12 kg pro Wasserpferd und Stunde. An Stelle dieser älteren sog. Dampfwasserhaltung, welche einen sehr

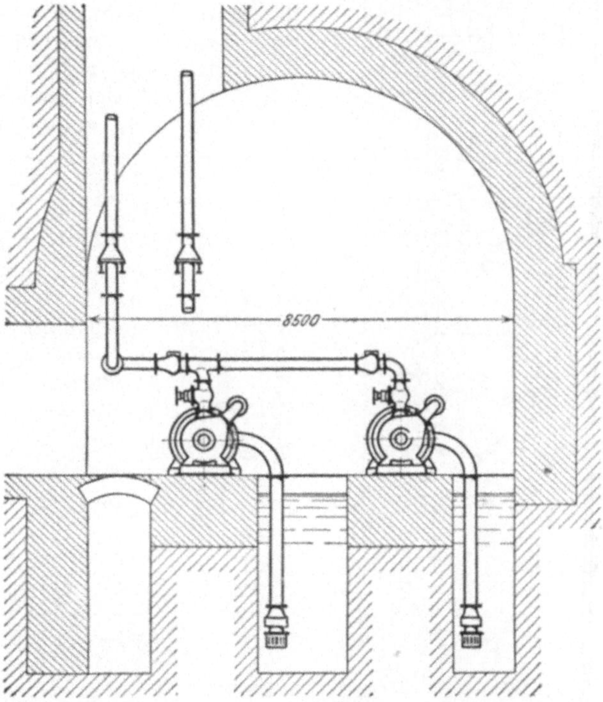

Abb. 133. Aufstellung der Pumpen in Zeche „Augusta Viktoria".

großen Platzbedarf hat, riesige Fundamente erfordert und in der Anlage sehr teuer wird, trat vor etwa 25 Jahren die elektrisch betriebene Kolbenpumpe, welche auch heute noch in großer Zahl im Bergbau zu finden ist. Sie erreicht einen Gesamtwirkungsgrad von 81 bis 86%. Rechnet man mit dem sehr günstigen Dampfverbrauch eines größeren Kraftwerkes von 5,0 kg für die abgegebene elektrische PS-Stunde, so ergibt sich unter Berücksichtigung eines geringen Leitungsverlustes ein Dampfverbrauch von 6,5 bis 6,1 kg für die Wasserpferdestunde. Die neueren Hochdruckkreiselpumpen haben, wie die nachstehenden Beispiele zeigen werden, einen Gesamtwirkungsgrad von 72 bis 78%, was unter Zugrundelegung derselben Werte wie vorhin einem Verbrauch von 7,3 bis 6,7 kg Dampf pro Wasser-PS-

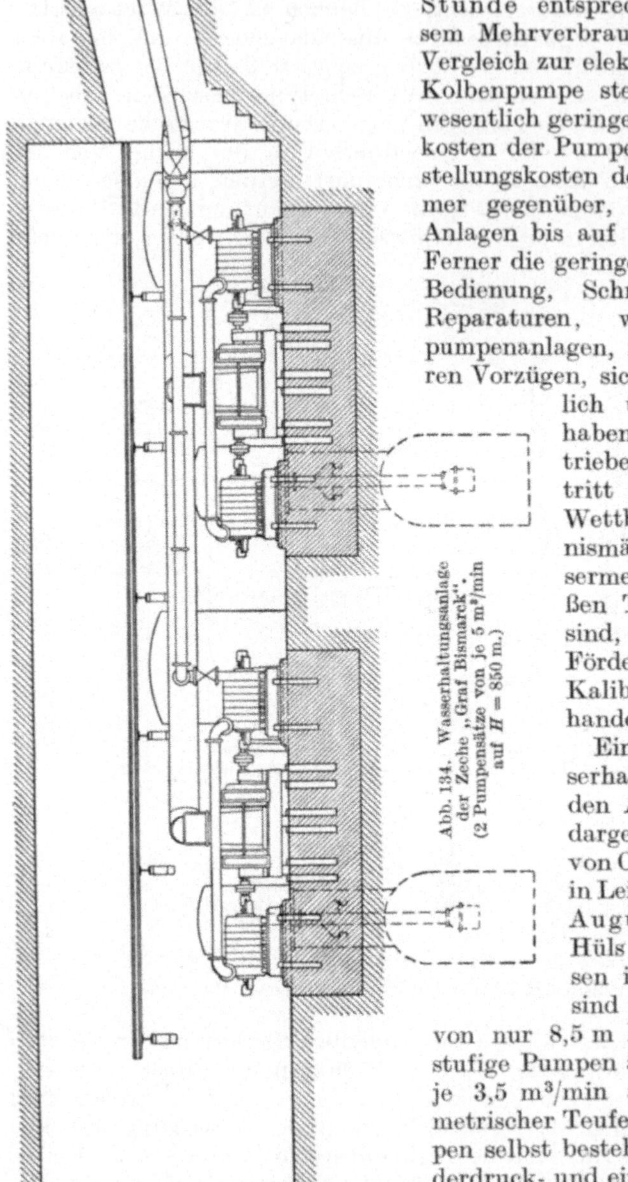

Abb. 134. Wasserhaltungsanlage der Zeche „Graf Bismarck". (2 Pumpensätze von je 5 m³/min auf $H = 850$ m.)

Stunde entsprechen würde. Diesem Mehrverbrauch an Dampf im Vergleich zur elektrisch betriebenen Kolbenpumpe stehen aber nun die wesentlich geringeren Anschaffungskosten der Pumpenanlage und Herstellungskosten der Maschinenkammer gegenüber, die bei größeren Anlagen bis auf ⅓ heruntergehen. Ferner die geringeren Ausgaben für Bedienung, Schmiermaterial und Reparaturen, wodurch Kreiselpumpenanlagen, neben ihren anderen Vorzügen, sich auch wirtschaftlich überlegen gezeigt haben. Die elektrisch betriebene Kolbenpumpe tritt nur da noch in Wettbewerb, wo verhältnismäßig geringe Wassermengen aus sehr großen Tiefen zu fördern sind, oder wo es sich um Förderung von Lauge in Kalibergwerken usw. handelt.

Eine Bergwerks-Wasserhaltungsanlage ist in den Abb. **132** und **133** dargestellt. Sie wurde von C. H. Jaeger & Co. in Leipzig für die Zeche Augusta Viktoria in Hüls bei Recklinghausen i. W. geliefert. Es sind in einem Raume von nur 8,5 m Breite zwei zwölfstufige Pumpen aufgestellt, welche je 3,5 m³/min aus 780 m manometrischer Teufe fördern. Die Pumpen selbst bestehen aus einem Niederdruck- und einem Hochdruckteil von je 6 Stufen. Der Antrieb erfolgt durch einen, zwischen beiden Stufen liegenden Drehstrommotor, welcher 1470 Umläufe macht und 850 PS leistet. Als Kuppelung zwischen Motor und Pumpe wird in der Regel eine elastische Bolzen- oder Lamellenkuppelung genommen, welche sich bei hoher Umlaufszahl gut bewährt hat. Zwischen Pumpe und Druckleitung sitzt ein Absperrschieber mit einer Umlaufleitung zum Anlassen. Die Druckleitung selbst ist noch durch eine Rückschlagklappe gesichert. Da die Maschinenkammer vor Verstaubung geschützt liegt, sind normale Drehstrommotore offener Bauart benutzt worden (vgl. dagegen die spätere Abb. 137). Die Kammer ist mit einem einfachen Handlaufkran ausgerüstet zum Ein- und Ausbau einzelner Teile und zeigt an der einen Wand die elektrische Schaltanlage. Abnahmeversuche durch den Essener Dampfkesselüberwachungs-Verein ergaben einen Wirkungsgrad der Pumpen allein von 78% und einen Gesamtwirkungsgrad der Anlage von 73% bezogen auf die manometrische Förderhöhe.

Die Abb. 134 bis 136 stellen eine von C. H. Jaeger & Co. gemeinsam mit der AEG errichtete Was-

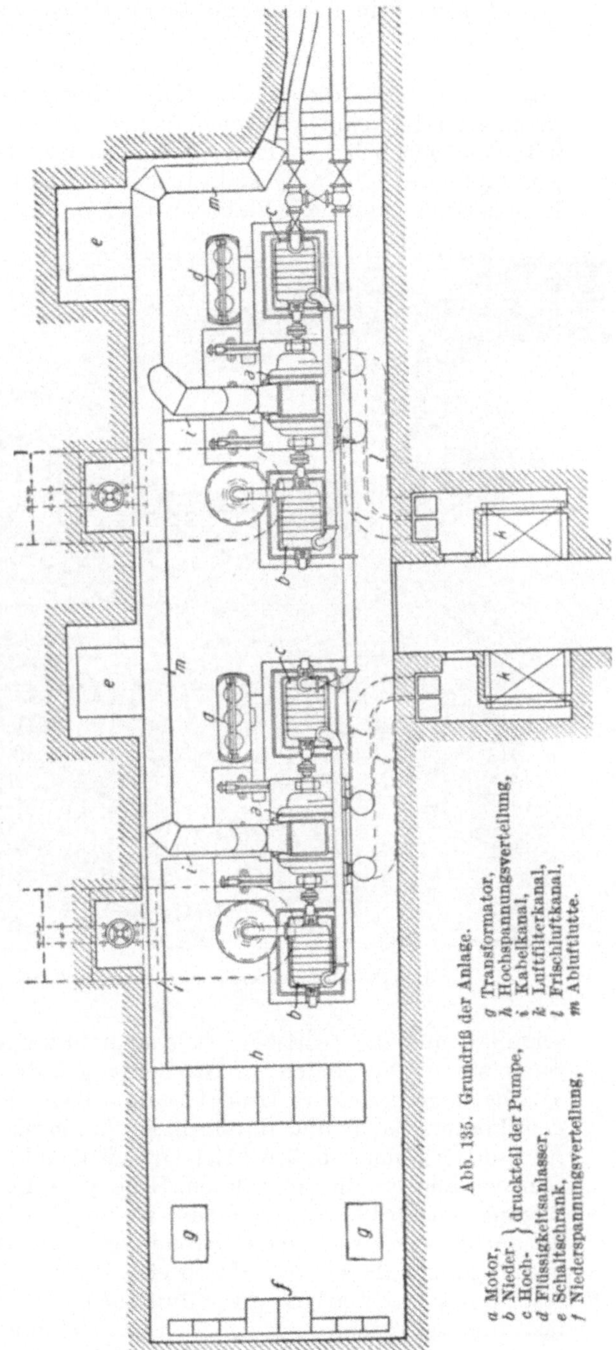

Abb. 135. Grundriß der Anlage.

a Motor,
b Nieder- } druckteil der Pumpe,
c Hoch- }
d Flüssigkeitsanlasser,
e Schaltschrank,
f Niederspannungsverteilung,
g Transformator,
h Hochspannungsverteilung,
i Kabelkanal,
k Luftfilterkanal,
l Frischluftkanal,
m Abluftlutte.

serhaltungsanlage der **Zeche Graf Bismarck** dar. Die Anlage befindet sich auf der 7. Sohle in 801,44 m Tiefe und hat eine Förderleistung von 10 m³/min. Es sind zwei vierzehnstufige Pumpensätze aufgestellt, die wieder aus je zwei siebenstufigen Teilen zusammengesetzt sind, zwischen denen der Antriebsmotor sitzt. Um mit einer möglichst schmalen Kammer auszukommen, sind die Pumpen hintereinander aufgestellt worden. Hierdurch ist bei nur 5,5 m Kammerbreite reichlich Platz vorhanden, um so mehr, als die Schalt-

Abb. 136. Ein Pumpensatz der Anlage in Zeche „Graf Bismarck".

schränke und die Schieber, welche die Pumpensümpfe mit der sog. Sumpfstrecke verbinden, in Nischen angeordnet sind. Jeder Pumpensatz hat eine besondere Druckleitung, welche durch einen Stollen nach dem Förderschacht und durch diesen hindurch zutage geführt ist. Am Ende der Kammer sind, wie der Grundriß Abb. 135 zeigt, drei Absperrschieber angebracht, mit deren Hilfe jede Pumpe bei Außerbetriebsetzung einer Steigleitung in die andere drücken kann. Jede Pumpe ist außerdem durch einen besonderen Absperrschieber mit Umlaufleitung zum Anlassen und durch eine Rückschlagklappe gesichert. Der erste Pumpensatz arbeitet seit Juli 1919, der zweite seit Februar 1920 fast ununterbrochen und es haben sich keine nennenswerten Anstände bisher gezeigt. Abnahmeversuche ergaben einen Gesamtwirkungsgrad der Anlage von rund 72%, bezogen auf die manometrische Förderhöhe von etwa 850 m.

Besondere Beachtung verdient noch der Antriebsmotor dieser Anlage. Es ist ein Drehstrommotor für 5000 V und 50 Perioden, der bei 1480 Umläufen/min eine Leistung von 1000 kW = 1360 PS aufweist. Der Motor ist von der AEG, Berlin, nach den sog. Essener Normalien gebaut, d. h. er ist vollkommen staub- und spritzwasserdicht ausgeführt, aber mit einer guten Luftkühlung versehen, wodurch unzulässige Erwärmungen vermieden werden. Den Motor selbst zeigt Abb. 137, aus welcher die Eintrittsöffnungen für die Kühlluft an der Vorderseite und die oben aufgesetzte Haube für den Luftaustritt zu erkennen sind. Das Gehäuse wurde, um eine Einbringung in die Maschinenkammer zu ermöglichen, dreiteilig ausgeführt, und zwar mit einem zweiteiligen Gehäusemantel und einem besonderen Einsatzring mit der Wicklung. Wie der Grundriß der Anlage erkennen läßt, wird die Kühlluft aus einer Filterkammer k im Wetterschacht entnommen und gelangt durch getrennt liegende Kanäle

Abb. 137. Drehstrommotor von 1000 kW mit Luftkühlung.

unter Flur zu den Saugstutzen des Motors. Die aus dem Motor austretende erwärmte Luft geht von der Haube aus durch eine sog. Lutte m, welche an der Decke aufgehängt ist, nach dem Stollen und von da nach dem Förderschacht. Da bei der vorliegenden Anlage etwa 200 m³ Kühlluft in der Minute gebraucht werden, so würde sich eine unzuträgliche Erwärmung der Maschinenkammer ergeben, falls die Kühlluft in die Kammer eintreten würde. Durch die beschriebene Luftleitung kommt hier die Kühlluft dagegen überhaupt nicht mit der Maschinenkammer in Berührung. Abb. 136, welche die hintere Pumpe in ihrem äußeren Aufbau wiedergibt, läßt vorn den Anlasser, oben die Lutte und hinten die Schalttafel erkennen. Die übrigen Einzelteile der Anlage ergeben sich aus den Unterschriften bei Abb. 135.

Zum Schluß sei noch darauf hingewiesen, daß in der früheren Abb. 114 die Kennlinien einer neueren Wasserhaltungsanlage für 900 m Förderhöhe wiedergegeben waren, welche einen Gesamtwirkungsgrad bis zu 76% bei einer Lieferungsmenge von 2 m³/min ergaben und welche den Einfluß der Drosselregulierung durch den Absperrschieber auf Förderhöhe, Wassermenge und Wirkungsgrad erkennen ließen.

21. Kesselspeise- und Preßwasseranlagen.

Auf dem Gebiet, welches bis vor kurzem den Kolbenpumpen allein vorbehalten war, nämlich der Förderung verhältnismäßig kleiner Wassermengen gegen hohe Drücke, wie bei Kesselspeise- und Preßpumpen, ist jetzt ebenfalls die Kreiselpumpe in Wettbewerb getreten, und sie hat auch hier in bestimmten Fällen die Kolbenpumpe an Wirtschaftlichkeit überholt. Als Antriebsmaschine wird entweder der raschlaufende Elektromotor oder die Dampfturbine gewählt. Wird die Pumpe elektrisch angetrieben, so muß sie stets mehrstufig ausgeführt werden, damit die gewünschten hohen Drücke erzielt werden. Man stellt dann ein oder mehrere Pumpensätze der früheren normalen Bauarten auf, bei Preßwasseranlagen für 50 at Druck z. B. zwölfstufige Pumpen mit 1480 Uml./min und regelt die Wassermenge durch Drosselung mittels des Absperrschiebers oder überhaupt nicht. In diesem

Abb. 138. Speisepumpe für drei verschiedene Drücke von Klein, Schanzlin & Becker, Frankenthal.

Fall ist ein Umlaufventil oder ein Regelschieber (Abb. 118 und 119 früher) einzuschalten, damit die Pumpe nicht im „toten Wasser" arbeitet, falls der Wasserverbrauch aufhört. Man hat den Vorteil gegenüber den Kolbenpumpen, daß die Wartung außerordentlich einfach ist, da die Pumpe ohne Beaufsichtigung dauernd laufen kann. In derselben Weise würde die Pumpenanlage auszubilden sein bei elektrisch angetriebenen Kesselspeisepumpen.

Wie vielseitig die Verwendung solcher Pumpen sein kann, soll an einer zehnstufigen Kesselspeisepumpe besonderer Bauart, Abb. 138 von Klein, Schanzlin & Becker, Frankenthal, erläutert werden. Diese Pumpe wird durch Elektromotor angetrieben und dient zur gleichzeitigen Speisung von 3 verschiedenen Dampfkesseln. In den ersten 2 Stufen ist sie für $Q = 420$ l/min gebaut und erreicht am ersten Druckstutzen einen Druck von 5 at. Hier wird das Speisewasser für einen Kochdampfkessel entnommen. Von der 3. bis zur 6. Stufe werden noch 250 l gefördert und am 2. Stutzen, von wo aus ein älterer Dampfkessel gespeist wird, sind 15 at Druck vorhanden. Es folgen dann noch 4 weitere Stufen für 115 l/min und am Endstutzen wird schließlich der Höchstdruck mit 25 at erreicht zur Speisung einer neuen Dampfkesselanlage. Die abgebildete Pumpe hat sich im Betriebe sehr gut bewährt und ist schon häufiger für ähnliche Zwecke ausgeführt worden.

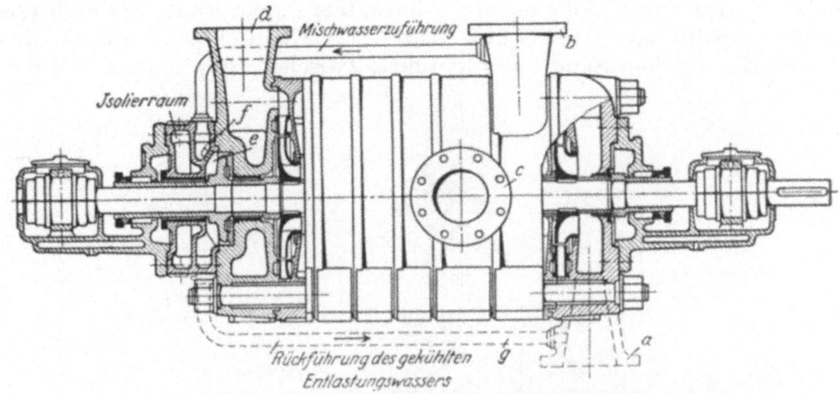

Abb. 139. Vorwärm- und Speisepumpe von Klein, Schanzlin & Becker.

Eine besondere Rolle spielen ferner die vereinigten Vorwärm- und Speisepumpen, Abb. 139. In den ersten Stufen vom Saugstutzen a bis zum Stutzen b erhält das Wasser den Druck, wie er im Vorwärmer herrscht, z. B. 10 at. Alsdann gelangt es, nachdem es den Vorwärmer durchflossen und dort eine hohe Temperatur, z. B. 160°, erhalten hat, nach dem Stutzen c zurück.

Abb. 140. Turbo-Speisepumpe von Weise Söhne, Halle.

In den weiteren Stufen erhält es den zur Kesselspeisung erforderlichen Druck, z. B. 36 at, und verläßt die Pumpe durch den Druckstutzen d. Eine solche Anlage ist bedeutend einfacher, übersicht-

licher und billiger als zwei getrennte Pumpen. Außerdem fallen die
Stopfbuchsen zwischen den beiden Pumpenteilen fort. Besondere
Aufmerksamkeit erfordert aber, wie bei allen Heißwasserpumpen, die
Abdichtung auf der Druckseite. In den Raum e hinter der Entlastungs-
scheibe wird durch Bohrungen f Kühlwasser eingespritzt, wodurch das
heiße „Spaltwasser" abgekühlt wird. Das Gemisch wird durch eine
Rohrleitung g dem Saugrohr zugeführt. Zwischen Stopfbuchse und den

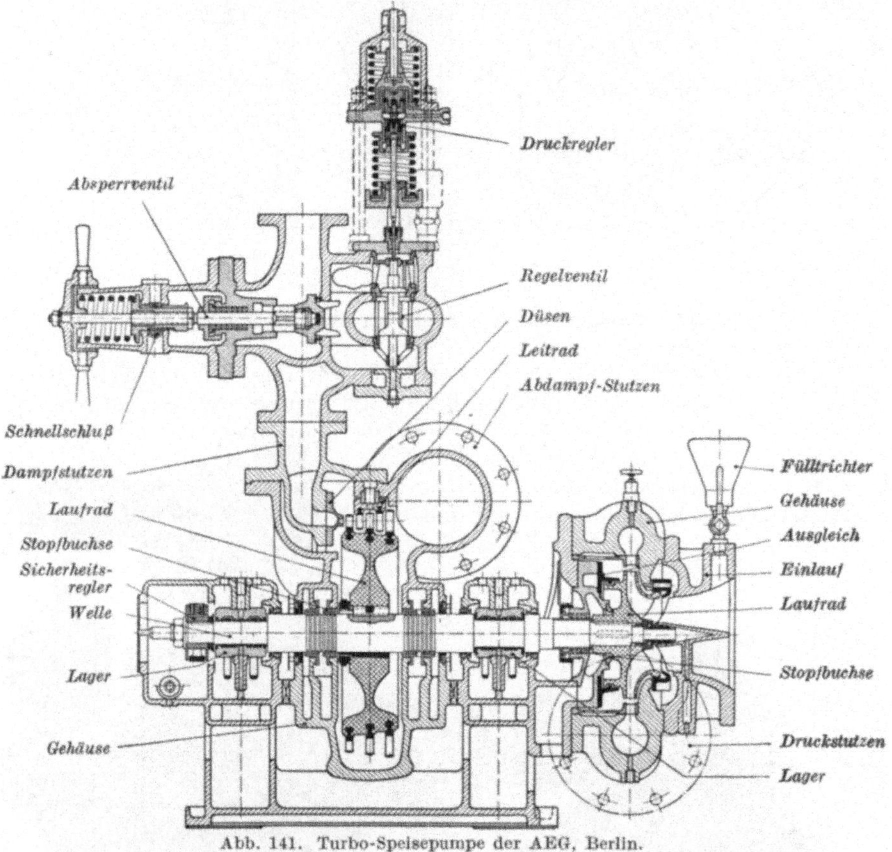

Abb. 141. Turbo-Speisepumpe der AEG, Berlin.

Kühlraum ist noch ein Isolierraum eingeschaltet. Die Kühlvorrichtung
ist der ausführenden Firma Klein, Schanzlin & Becker patentiert.

Neben dem Elektromotor wird für Kesselspeiseanlagen sehr häufig
die Dampfturbine zum Antrieb verwendet, da der Dampf das gegebene
Antriebsmittel hier ist. So zeigt Abb. 140 eine solche Pumpe von Weise
Söhne, Halle, angetrieben durch eine Curtis-Turbine, die nur eine
Druckstufe und drei Geschwindigkeitsstufen hat. Mit der Turbine ist
durch eine elastische Kupplung eine mehrstufige Kreiselpumpe ver-
bunden, welche die bekannte Bauart hat. Je nach dem vorhandenen
Kesseldruck ist die Stufenzahl natürlich verschieden. Über der Pumpe

sitzt eine Rückschlagklappe (Bauart Abb. 118) mit Umlaufleitung, die etwas Wasser im Kreislauf hält, sobald im Betriebe kein Wasser gebraucht wird. Geregelt wird die Dampfturbine durch einen kräftigen Fliehkraftregler, der die Dampfzufuhr zu den Düsen beherrscht. Außerdem ist ein „Schnellschluß" mit dem Regler verbunden, der das Dampfventil schließt, sobald die zulässige Höchstdrehzahl um etwa 10% überschritten wird.

Die Abb. 141 stellt die einstufige Turbospeisepumpe der AEG, Berlin, dar, welche für Kesseldrücke bis 23 atü ausreicht. Sie wird gebaut für Fördermengen von 250 l/min = 15 m³/h aufwärts. Durchschnittlich läuft die Pumpe mit $n = 5000/\text{min}$, bei größerer Förderhöhe steigert sich die Drehzahl bis auf 7500.

Das Laufrad der Pumpe sitzt fliegend auf der verlängerten Turbinenwelle, besteht aus Bronze und ist durch eine besondere Druckausgleichsvorrichtung vollkommen axial entlastet. Dies ist bewirkt durch einen Schleifring auf der Rückseite des Rades und eine darunter befindliche Entlastungskammer. Die Stopfbuchse ist hierdurch ebenfalls entlastet. Als Turbine ist eine einstufige, teilweise beaufschlagte Gleichdruckturbine mit drei Geschwindigkeitsstufen ausgeführt, deren Welle in zwei Ringschmierlagern läuft, die mit großen Ölkammern versehen sind.

Abb. 142. Turbo-Speisepumpe für höhere Drucke.

Am hinteren Lager sitzt noch ein Sicherheitsregler, der durch Fliehkraft in Tätigkeit tritt, falls die zulässige Höchstumlaufzahl um 10 bis 15% überschritten wird. Ein Schwunggewicht betätigt dann vermittels einer Zugstange ein am Dampfeintritt sitzendes Schnellschlußventil. Die Regelung der Turbopumpe erfolgt im übrigen in bekannter Weise durch einen selbsttätigen Druckregler, der im Prinzip dem Hannemann-Regler gleicht. (Vgl. S. 89.)

Bei größeren Kesseldrücken als 23 atü verwendet die AEG mehrstufige Kreiselpumpen, wie Abb. 142 zeigt. Der Dampfteil nebst Regelung entspricht der oben beschriebenen Bauart. Die Pumpe ist starr mit der Turbine gekuppelt und sitzt auf der durchgehenden Grundplatte. Je nach dem Kesseldruck wird die Pumpe zwei- bis siebenstufig ausgeführt, wobei durchschnittlich in jeder Stufe eine Förderhöhe von 150 m erreicht wird.

Die **Hauptvorteile** der Turbospeisepumpen sind: geringer Raumbedarf, Betriebssicherheit, einfache Wartung, verhältnismäßig niedrige Anschaffungskosten, ölfreies Kondensat. Da sie heute in der Regel mit **Abdampfverwertung** ausgeführt werden, sind sie auch außerordentlich wirtschaftlich. Der Abdampf kann hierbei verwendet werden zur Vorwärmung des Speisewassers oder zu Heizzwecken oder aber als Zusatzdampf in den Niederdruckteil einer Hauptturbine. Versuche über die Wirtschaftlichkeit der Turbospeisepumpen, welche vom Oberschlesischen Überwachungsverein ausgeführt wurden, haben ergeben, daß die Dampfwärme zu 95% ausgenützt wurde, wenn der Abdampf zur Speisewasservorwärmung und das Kondensat ebenfalls zur Speisung verwendet wurde. Demgegenüber würde beim elektrischen Antrieb die Ausnützung nur 14 bis 15% betragen, wenn der elektrische Strom einem größeren Kraftwerk entnommen wird.

22. Entwässerungsanlagen. — Schöpfwerke.

Zum Schlusse sollen noch vier größere Niederdruckanlagen, welche zur Entwässerung dienen, betrachtet werden. Zu diesem Zwecke haben die Kreiselpumpen schon seit ihrem ersten Vorkommen weitverzweigte Anwendung gefunden, da es sich hier in der Regel um Bewältigung großer Wassermassen bei geringen Förderhöhen handelt, wobei Kolbenpumpen gänzlich ungeeignet sein würden.

Die Abb. 143 zeigt eine derartige ältere Entwässerungsanlage des Schwarzbachgebietes bei Bischofsheim a. Rh.,

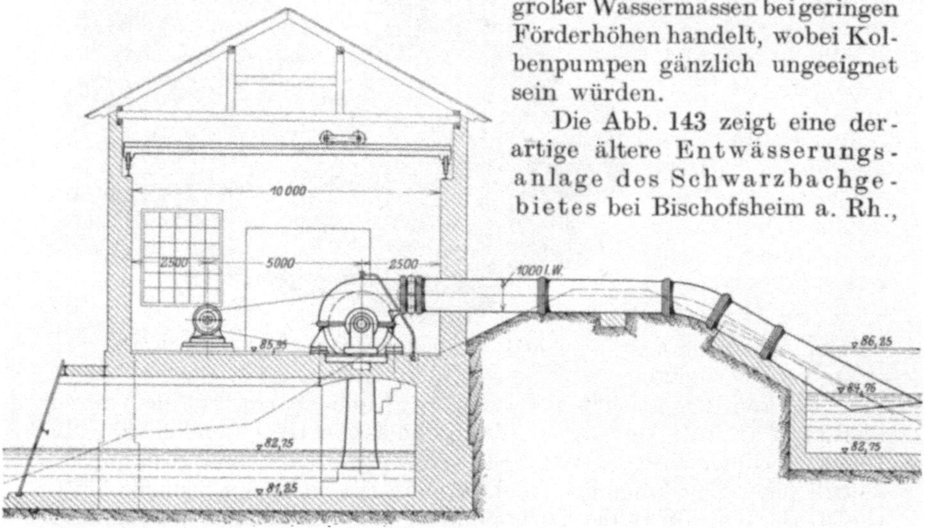

Abb. 143. Entwässerungsanlage des Schwarzbachgebietes (4 Pumpen für zusammen 540 m³/min).

ausgeführt von der **Amag Hilpert, Nürnberg**, für eine Wassermenge von 360 bis 540 m³/min[1]. Die Verhältnisse liegen hier so, daß bei eintretendem Hochwasser des Rheins das Wasser von dem anliegenden Gelände durch eine Schleuse ferngehalten wird. Durch diese Schleuse fließt bei normalem Wasserstande des Rheins die Schwarzbach. Wird nun die Schleuse wegen Hochwassergefahr geschlossen, so wird die Schwarz-

---

[1] Nach **Neumann**: Die Zentrifugalpumpen. Berlin: Julius Springer.

bach in Staubecken zunächst aufgestaut und muß dann, wenn die aufgespeicherte Wassermenge zu groß wird, durch die ausgeführte Entwässerungsanlage fortgeschafft werden. Es sind zu diesem Zwecke vier Niederdruckkreiselpumpen mit doppelseitigem Einlauf aufgestellt, welche in der Bauart der früheren Abb. 49 sehr ähneln, nur mit dem Unter-

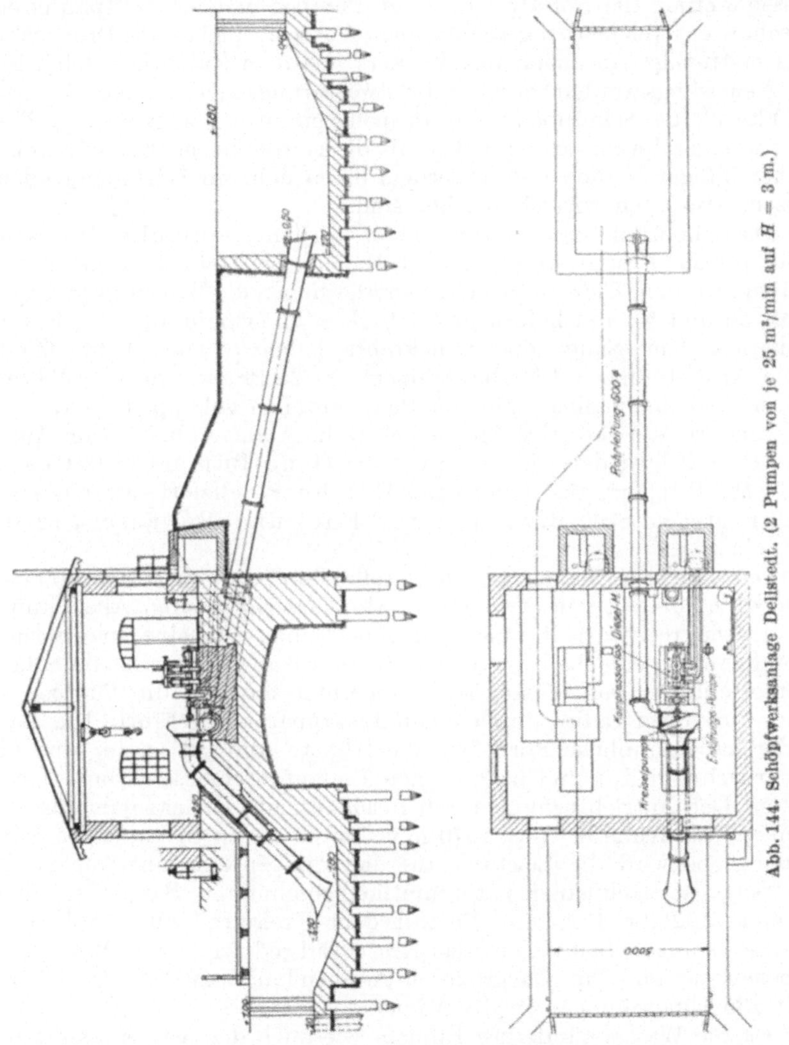

Abb. 144. Schöpfwerksanlage Dellstedt. (2 Pumpen von je 25 m³/min auf $H = 3$ m.)

schied, daß der Druckstutzen jetzt oben liegt. Zwei Pumpen haben eine Normalleistung von 120 m³, zwei kleinere eine solche von 60 m³ pro Minute. Diese Normalleistung gilt für eine Förderhöhe von 4 m. Sinkt die Höhe auf 2 m herunter, was häufig der Fall ist, so steigt die geförderte Wassermenge um etwa 50%, so daß dann die oben angegebene Maximalleistung zustande kommt.

Die Pumpen werden mittels Riemenübertragung von Elektromotoren angetrieben. Die Zulaufkanäle zu den Saugrohren sind durch den links dargestellten Rechen gesichert, wodurch die gröbsten Unreinigkeiten ferngehalten werden. Die Druckrohre sind über den Damm geführt und münden in einen gemeinsamen Abzugskanal. Beim Anlassen werden die Spiralgehäuse der Pumpen an eine Luftpumpe angeschlossen, welche (bei geschlossenem Absperrschieber der Druckrohre) das erstmalige Ansaugen des Wassers aus dem Zulaufkanal bewirkt.

Neuerdings werden bei solchen Entwässerungsanlagen oder „Schöpfwerken" die Schrauben- und Propellerpumpen vorgezogen, weil sie viel weniger Raum beanspruchen als die gewöhnlichen Kreiselpumpen, daher billiger werden und außerdem einen höheren Wirkungsgrad besitzen, also auch wirtschaftlicher sind.

Die Schöpfwerksanlage Abb. 144 ist von den „Deutschen Werken" Kiel, für das Provinzial-Moorgut Dellstedt bei Heide in Holstein ausgeführt worden. Die zwei Schraubenräder haben die Bauart der früheren Abb. 56 und 57 und liefern je 420 l/sek = 25 m³/min auf eine Förderhöhe von 3 m. Saug- und Druckrohre haben 500 mm lichte Weite. Zum Antrieb dienen Dieselmaschinen von 28 PS, welche $n = 460/\text{min}$ haben und unmittelbar mit den Pumpenwellen gekuppelt sind.

Eine weitere derartige Anlage geben die Abb. 145 bis 147 im Aufriß und Grundriß wieder. Sie wurde von der Geue-Pumpenbau-Gesellschaft, Berlin[1], für den Staat Hamburg geliefert, als eines von sieben großen Schöpfwerken zur Ent- und Bewässerung der Vierlande.

Das Schöpfwerk enthält vier große Pumpen von etwa 2000 l/sek und drei Pumpen von etwa 1200 l/sek Wasserförderung. Alle Pumpen haben senkrechte Welle und sind ohne Gehäuse in eine spiralförmige Betonkammer eingebaut, welche im Grundriß an zwei Stellen im Schnitt dargestellt ist. Das Wasser tritt von unten axial in die Pumpen ein und wird oben radial durch einen Leitapparat abgeführt. Die Laufräder haben ähnliche Form wie die frühere Abb. 52 zeigte, sind also Schraubenräder und haben einen Einlaufdurchmesser von 1,1 bzw. 1,4 m. Der Antrieb erfolgt durch raschlaufende Drehstrommotore mit senkrechter Welle bei $n = 1470/\text{min}$. Durch ein in Öl laufendes Stirnradgetriebe wird die Leistung auf die Pumpenwelle übertragen. Das Getriebe ist nach einer patentamtlich geschützten Bauart so eingerichtet, daß die Pumpenwelle mit dem Kreiselrad ohne Abbau des Getriebes angehoben und so das Kreiselrad jederzeit ohne Mühe nachgesehen werden kann. Die größeren Pumpen laufen mit 97, die kleineren mit 135 Umdrehungen in der Minute.

Da die Wasserstände des Binnen- wie auch des Außenwassers sehr stark schwanken, ist auch die Förderhöhe sehr veränderlich und schwankt bei normalen Verhältnissen zwischen 0,9 und 2,4 m. Als Wirkungsgrad ist bei den großen Pumpen 81%, bei den kleineren Pumpen 80% ermittelt worden, und zwar bei den oben angegebenen normalen Fördermengen und einer Förderhöhe von etwa 2 m.

---

[1] Jetzt: Vereinigung deutscher Pumpenfabriken, Borsig-Hall.

Während sämtliche Pumpen zur Entwässerung des Geländes dienen, sind zwei Pumpen so eingebaut, daß sie auch für die Be-

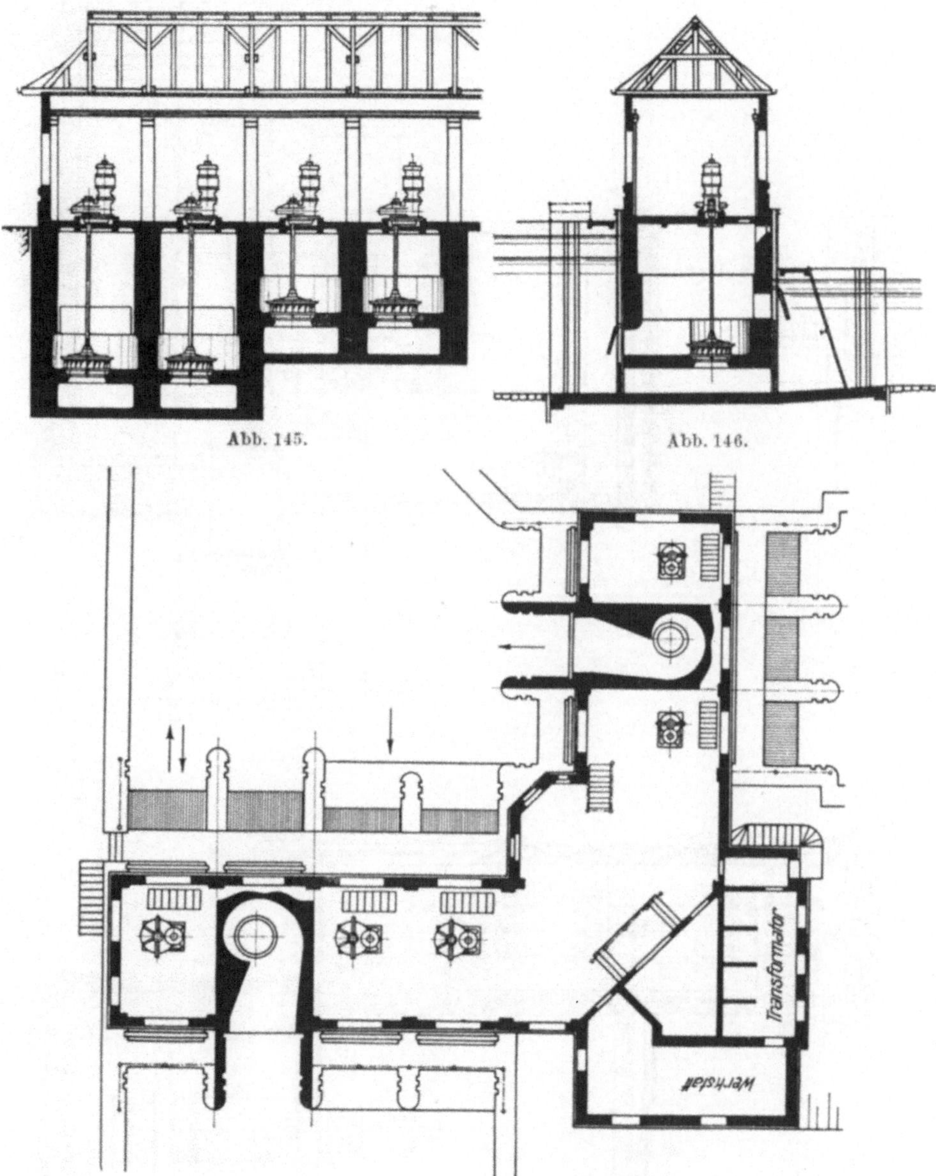

Abb. 145.

Abb. 146.

Abb. 147.

Abb. 145 bis 147. Schöpfwerk des Staates Hamburg.

wässerung benutzt werden können. Der Seitenriß, Abb. 146, zeigt einen Schnitt durch eine dieser Pumpenkammern. Für den gewöhn-

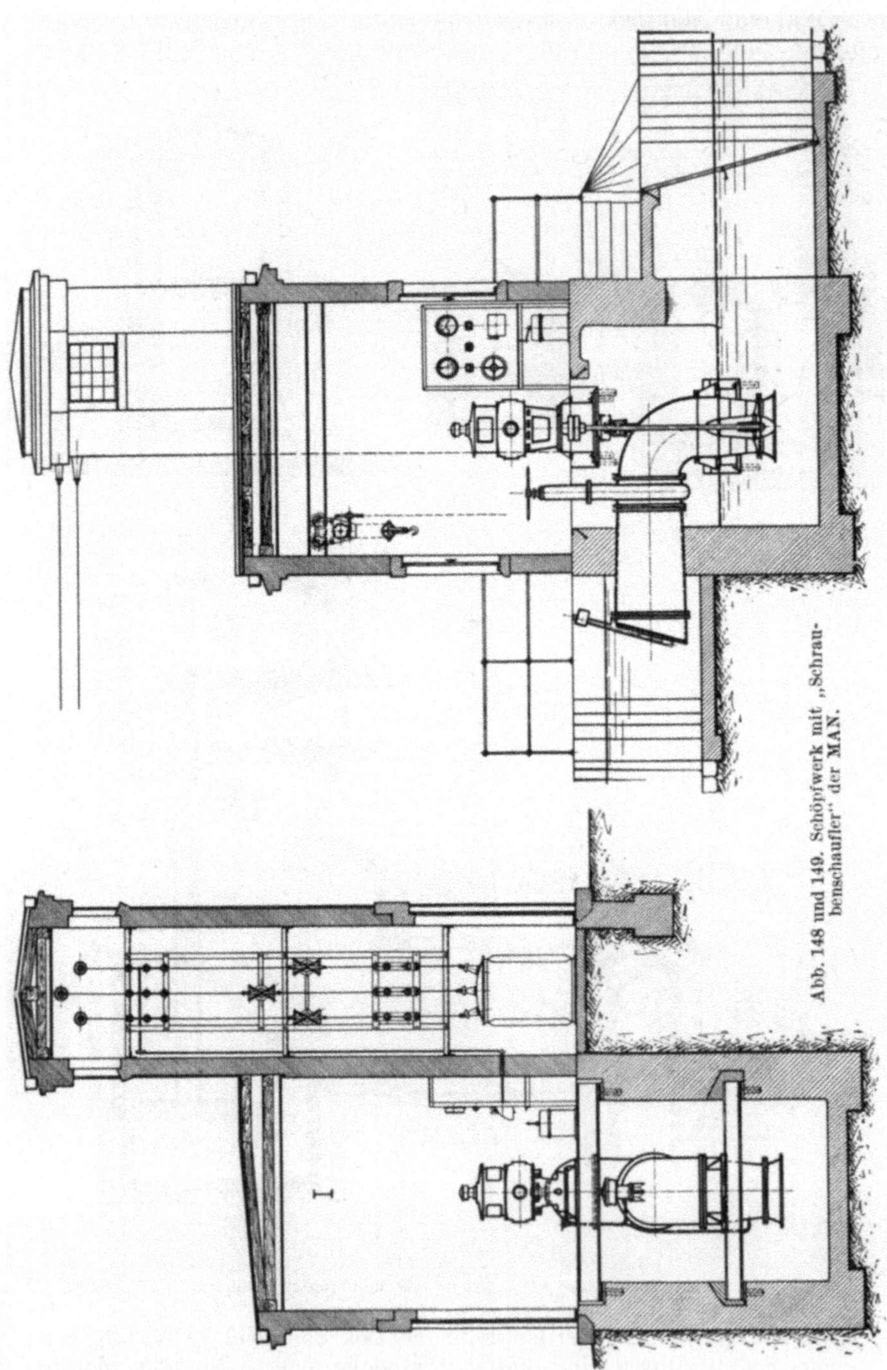

Abb. 148 und 149. Schöpfwerk mit „Schraubenschaufler" der MAN.

lichen Betrieb der Entwässerung strömt das Wasser von links in den Raum unter der Pumpe und verläßt die Kammer durch die rechte Rückschlagklappe. Wenn die Puppe dagegen zur Bewässerung benutzt werden soll, so wird durch Öffnen eines Schiebers auf der rechten Seite ein Einlaß in den Raum unter der Pumpe gebildet und gleichzeitig die rechte Ausströmöffnung geschlossen, während links die Rückschlagklappe geöffnet und durch einen Schieber die Zuströmöffnung von links verschlossen wird.

Vor dem Einlauf in die sieben Pumpenkammern sitzen schrägstehende Rechen zum Schutz gegen grobe Verunreinigungen. In den Mauervorsprüngen zu beiden Seiten der Kammern sind Nuten angebracht, damit eine vollkommene Abdämmung der Kammern möglich ist, falls dort Reparaturen vorgenommen werden sollen.

Die Abb. 148, 149 stellen ein Schöpfwerk dar, ausgeführt von der MAN, Werk Gustavsburg. Es werden $Q = 60$ m³/min auf 2,5 m Höhe gefördert und der Antrieb erfolgt unmittelbar durch einen Drehstrommotor von 60 PS., der 585 Umläufe in der Minute macht. Saugstutzen und Abflußrohr haben je 700 mm Durchmesser. Die Pumpe wird von der MAN als „Schraubenschaufler" bezeichnet und besteht aus dem Propeller mit starker Nabe und drei schmalen Flügeln und einem Leitapparat, in ähnlicher Ausführung wie die früheren Abb. 61—63 zeigten. Wenn irgend möglich, wird die lotrechte Aufstellung gewählt, weil dann stets der Propeller so tief sitzen kann, daß er in das Unterwasser eintaucht. Die Pumpe ist in diesem Fall immer betriebsbereit. Der Einlauf, rechts, ist durch einen Rechen gegen Verunreinigung durch Schwimmstoffe geschützt. Am linken Auslauf befindet sich eine Rückschlagklappe.

Ausgeführt wird der „Schraubenschaufler" bis zu einer Fördermenge von 180 m³/min, wobei der Rohrdurchmesser auf 1200 mm steigt. Wie die Firma angibt, beträgt bei einem größeren Schöpfwerk am Rhein der Stromverbrauch 46 kW bei $Q = 60$ m³/min auf $H = 3$ m. Bei einem Strompreis von 8 Pfennig je kWh kostet also die Förderung von 1 m³ Wasser auf 3 m Höhe rund ¹/₁₀ Pfennig.

Wasserkraftmaschinen. Eine Einführung in Wesen, Bau und Berechnung von Wasserkraftmaschinen und Wasserkraftanlagen. Von Dipl.-Ing. **L. Quantz,** Stettin. Siebente, vollständig umgearbeitete Auflage. Mit 212 Abbildungen im Text. VII, 149 Seiten. 1929. RM 5.25

Die Theorie der Wasserturbinen. Ein kurzes Lehrbuch von Professor **Rudolf Escher** †, Zürich. Dritte, vermehrte und verbesserte Auflage herausgegeben von Oberingenieur **Robert Dubs,** Zürich. Mit 364 Textabbildungen und einer Tafel. XIV, 356 Seiten. 1924.

Gebunden RM 13.50

Bau und Berechnung der Dampfturbinen. Eine kurze Einführung von Dipl.-Ing. **Franz Seufert,** Oberingenieur für Wärmewirtschaft. Dritte, verbesserte Auflage. Mit 77 Abbildungen im Text und auf 2 Tafeln. IV, 100 Seiten. 1929. RM 3.60

Theorie und Bau der Dampfturbinen. Von Ingenieur Dr. **Herbert Melan,** Privatdozent an der Deutschen Technischen Hochschule in Prag. (Technische Praxis, Band XXIX.) Mit 3 Tafeln, 163 Abbildungen und mehreren Zahlentafeln. 288 Seiten. 1922. Gebunden RM 2.50

O. Lasche, Konstruktion und Material im Bau von Dampfturbinen und Turbodynamos. Dritte, umgearbeitete Auflage von **W. Kieser,** Abteilungsdirektor der AEG-Turbinenfabrik. Mit 377 Textabbildungen. VIII, 190 Seiten. 1925. Gebunden RM 18.75

Dampfturbinenschaufeln. Profilformen, Werkstoffe, Herstellung und Erfahrungen. Von Hans **Krüger,** Zivilingenieur. Mit 147 Textabbildungen. VI, 132 Seiten. 1930. RM 15.—; gebunden RM 16.50

Die Schaltungsarten der Haus- und Hilfsturbinen. Ein Beitrag zur Wärmewirtschaft der Kraftwerksbetriebe. Von Dr.-Ing. **Herbert Melan.** Mit 33 Textabbildungen. VI, 120 Seiten. 1926.

RM 10.50; gebunden RM 12.—

Kreiselmaschinen. Einführung in Eigenart und Berechnung der rotierenden Kraft- und Arbeitsmaschinen. Von Dipl.-Ing. **Hermann Schaefer.** Mit 150 Textabbildungen und vielen Beispielen. V, 132 Seiten. 1930. RM 7.50

Die Abwärmeverwertung im Kraftmaschinenbetrieb mit besonderer Berücksichtigung der Zwischen- und Abdampfverwertung zu Heizzwecken. Eine wärmetechnische und wärmewirtschaftliche Studie von Dr.-Ing. **Ludwig Schneider.** Vierte, durchgesehene und erweiterte Auflage. Mit 180 Textabbildungen. VIII, 272 Seiten. 1923. Gebunden RM 10.—

Dampf- und Gasturbinen. Mit einem Anhang über die Aussichten der Wärmekraftmaschinen. Von Prof. Dr. phil. Dr.-Ing. A. Stodola, Zürich. Sechste Auflage. Unveränderter Abdruck der fünften Auflage mit einem Nachtrag nebst Entropie-Tafel für hohe Drücke und B¹T-Tafel zur Ermittelung des Rauminhaltes. Mit 1138 Textabbildungen und 13 Tafeln. XIII, 1109 und 32 Seiten. 1924. Gebunden RM 50.—

Dieser der sechsten Auflage beigefügte Nachtrag ist auch als Sonderausgabe einzeln zu beziehen, um den Besitzern der 5. Auflage des Hauptwerkes die Möglichkeit einer Ergänzung auf den Stand der 6. Auflage zu bieten.

Nachtrag zu Gas- und Dampfturbinen. Von Prof. Dr. phil. Dr.-Ing. A. Stodola, Zürich. Sonderausgabe nebst Entropietafel für hohe Drücke und B¹T-Tafel zur Ermittelung des Rauminhaltes. Mit 37 Abbildungen und 2 Tafeln. 32 Seiten. 1924. RM 3.—

Sonderausgaben der Tafeln:
Entropietafel I für Gase. Neudruck 1929. RM 1.—

Entropietafel II für Gase. (Mit den wahren spezifischen Wärmen.) Neudruck 1929. RM 1.—

JS-Tafel für Wasserdampf. Sonderausgabe in Originalgröße. 1924. Neudruck 1926. RM 1.20

Kolbendampfmaschinen und Dampfturbinen. Ein Lehr- und Handbuch für Studierende und Konstrukteure. Von Professor H. Dubbel, Ingenieur. Sechste, vermehrte und verbesserte Auflage. Mit 566 Textfiguren. VII, 523 Seiten. 1923. Gebunden RM 14.—

Drehschwingungen in Kolbenmaschinenanlagen und das Gesetz ihres Ausgleichs. Von Dr.-Ing. Hans Wydler, Kiel. Mit einem Nachwort: Betrachtungen über die Eigenschwingungen reibungsfreier Systeme von Professor Dr.-Ing. Guido Zerkowitz, München. Mit 46 Textfiguren. VI, 100 Seiten. 1922. RM 6.—

Die Berechnung der Drehschwingungen und ihre Anwendung im Maschinenbau. Von Heinrich Holzer, Oberingenieur der Maschinenfabrik Augsburg-Nürnberg. Mit vielen praktischen Beispielen und 48 Textfiguren. IV, 200 Seiten. 1921. RM 8.—; gebunden RM 9.—

Anleitung zur Berechnung einer Dampfmaschine. Ein Hilfsbuch für den Unterricht im Entwerfen von Dampfmaschinen. Von Geh. Hofrat Professor R. Graßmann, Reg.-Baumeister a. D., Karlsruhe i. B. Vierte, umgearbeitete und stark erweiterte Auflage. Mit 25 Anhängen, 471 Figuren und 2 Tafeln. XV, 643 Seiten. 1924. Gebunden RM 28.—

Taschenbuch für den Maschinenbau. Bearbeitet von zahlreichen Fachleuten, herausgegeben von Professor H. Dubbel, Ingenieur, Berlin. Fünfte, völlig umgearbeitete Auflage. Mit 2800 Textfiguren. In zwei Bänden. X, 1756 Seiten. 1929. Gebunden RM 26.—